高等学校教材

材料物理专业实验教程

主 编 金克新
副主编 负吉军 王建元

西北工业大学出版社
西安

【内容简介】 本书涵盖了材料的制备、结构性能的测试、光学性能的测试、电学性能的测试、磁学性能的测试以及特殊物理效应的测试等内容,旨在培养学生的实验技能、科研能力以及创新思维。书中的实验设计强调实践性与创新性,引导学生通过自主探索和团队合作的方式,提出并执行实验方案,从而深化理解,并运用所学理论知识解决实际问题。

本书可作为高等学校材料物理专业本科生和研究生的教材,也可供该领域的教师和相关技术人员参考使用。

图书在版编目(CIP)数据

材料物理专业实验教程 / 金克新主编. — 西安:西北工业大学出版社,2024.7. — ISBN 978-7-5612-9344-7

Ⅰ. TB303-33

中国国家版本馆 CIP 数据核字第 2024Z0V701 号

CAILIAO WULI ZHUANYE SHIYAN JIAOCHENG
材 料 物 理 专 业 实 验 教 程
金克新　主编

责任编辑:张　潼	**策划编辑**:杨　军
责任校对:杨　兰	**装帧设计**:高永斌　李　飞

出版发行:西北工业大学出版社
通信地址:西安市友谊西路127号　　邮编:710072
电　　话:(029)88491757,88493844
网　　址:www.nwpup.com
印　刷　者:西安五星印刷有限公司
开　　本:787 mm×1 092 mm　　1/16
印　　张:7.375
字　　数:184 千字
版　　次:2024 年 7 月第 1 版　　2024 年 7 月第 1 次印刷
书　　号:ISBN 978-7-5612-9344-7
定　　价:49.00 元

如有印装问题请与出版社联系调换

前　言

　　《材料物理专业实验教程》是为材料物理专业实验教学而编写的一本书，全书共包括27个实验，主要包括材料制备及分析测试实验。

　　材料物理专业实验是普通物理实验、近代物理实验之后的又一实验课程，它的主要任务和目的是让学生熟悉本专业、领域的科学研究和生产实际中所需的最基本的实验手段，掌握专业实验所需的基本仪器、设备的使用和操作方法。通过科学实践，培养学生分析问题、解决问题的能力，以及独立进行研究工作的能力和团队合作的精神。本书中实验的组织方式不同于以前学过的物理实验，要求学生以更强的主动性和积极性参与其中。学生要自己查找资料，熟悉仪器的操作，提出可行性方案，在与指导教师充分讨论后方可进行实验。

　　专业物理实验给学生充分自由的操作空间，因此，要求学生课前认真阅读实验指导书、仪器说明书等参考资料，并撰写相应的实验方案。学生应在指导教师审阅批准后开始实验。在实验过程中学生必须认真熟悉仪器、设备的操作规程，听从指导教师的指导，以保证人身安全和设备运行良好。实验后学生应将仪器设备恢复为原始状态，保持实验室环境清洁。

　　本书由王建元编写实验一、五、六、九和十四，负吉军编写实验二十一、二十三和二十四，金克新编写其他实验。金克新和负吉军共同进行了全书统稿工作。

　　在编写本书的过程中，笔者得到了课题组研究生的协助，特别是朱华培、金鹭、谷清宇和段辰昊等，在此一并表示感谢。笔者在编写本书过程中参考了大量文献资料，在此向其作者表示感谢。

　　由于水平有限，书中难免会有一些疏漏之处，敬请广大读者批评指正。

编　者
2024年1月

目 录

第一篇 材料的制备

实验一 固相反应法制备锰氧化物 ………………………………………………… 3
实验二 溶胶-凝胶法制备靶材 ……………………………………………………… 6
实验三 熔淬急冷法制备非晶与纳米晶材料 ……………………………………… 8
实验四 脉冲激光沉积法制备薄膜 ………………………………………………… 12
实验五 磁控溅射法制备氧化物薄膜 ……………………………………………… 16
实验六 离子束溅射法制备氧化物薄膜 …………………………………………… 20
实验七 一步法制备有机-无机杂化钙钛矿薄膜 ………………………………… 24
实验八 光刻技术在微小器件制备中的应用 ……………………………………… 26

第二篇 结构性能的测试

实验九 氧化物粉末的 X 射线衍射分析 …………………………………………… 33
实验十 金属样品的扫描电子显微镜分析 ………………………………………… 35
实验十一 材料的维氏硬度测试 …………………………………………………… 38
实验十二 界面表面张力的测量 …………………………………………………… 41
实验十三 材料膨胀率的测定 ……………………………………………………… 45

第三篇 光学性能的测试

实验十四 金相组织的光学显微镜分析 …………………………………………… 51
实验十五 薄膜椭圆偏振光的光谱测量 …………………………………………… 55
实验十六 拉曼光谱的测试与分析 ………………………………………………… 59
实验十七 材料光学吸收谱的测量 ………………………………………………… 62

第四篇 电学性能的测试

实验十八 薄带电阻率的测量 ……………………………………………………… 67
实验十九 离子溅射仪制备金薄膜及其电阻率测量 ……………………………… 70

实验二十　低温下材料的光电响应性能测试 ……………………………………………… 73
实验二十一　霍尔效应的测量与分析 …………………………………………………… 77

第五篇　磁学性能的测试

实验二十二　铁磁材料的磁性参数表征 ………………………………………………… 83
实验二十三　磁光克尔效应的测量与分析 ……………………………………………… 86
实验二十四　电学方法在表征磁性参数中的应用 ……………………………………… 89

第六篇　特殊物理效应的测试

实验二十五　铁电性质的测试与分析 …………………………………………………… 95
实验二十六　材料的介电性能测量 ……………………………………………………… 101
实验二十七　热分析方法在材料测试中的应用 ………………………………………… 105
附录1　开放性实验室学生实验登记表 ………………………………………………… 108
附录2　材料物理专业实验报告 ………………………………………………………… 109
参考文献 …………………………………………………………………………………… 111

第一篇 材料的制备

在现代材料科学研究中,材料的制备是一个至关重要的环节,因为它是进行实验研究和技术应用的基础。通过不同的制备方法,可以获得具有不同结构、性能和功能的材料,并使其在能源、电子、航空、航天等领域发挥关键作用。本篇共包括 8 个实验,对材料物理专业的学生来说,学习材料的制备不仅能够帮助他们理解材料微观结构与宏观性能之间的联系,还能培养他们的实验技能和创新能力。掌握材料制备的基本原理和方法,对学生未来从事科研工作或进入工业界都具有重要意义。

实验一　固相反应法制备锰氧化物

一、实验目的

(1) 了解固相反应法的基本原理。
(2) 掌握固相反应法制备氧化物材料的物理过程。
(3) 了解比例-积分-微分(PID)温度控制原理。

二、实验原理

固相反应法是一种制备氧化物陶瓷的方法,其基本思路是采用一定摩尔比的高纯度氧化物进行充分混合、研磨,然后在高温下烧结(烧结温度通常在所制备材料的熔点附近,但比熔点略低)。通过 X 射线衍射方法可以确定粉体的颗粒度和烧结成相情况,直至得到较理想的单相化合物。其中,烧结过程是至关重要的一环,它是指将多次煅烧后的粉末先用高压压制成型(使粉末颗粒相互接触),再在熔点以下的高温,通过扩散和表面物理化学过程使得粉末结合成块的过程。从现象上看,烧结包括两个过程,一是颗粒的结合,二是颗粒间的疏孔变圆并逐渐缩小,这样会导致样品的体积收缩,密度和强度提高。烧结的驱动力是系统的总自由能降低,特别是总表面能降低。其微观机制是原子扩散,包括体扩散、晶界扩散和表面扩散,但起主要作用的还是原子扩散。此外,也有人提出表面原子蒸发,进而在两颗粒接触处的颈部凝结的微观机制。几种烧结机制及物质输送途径如表 1-1 所示。颈部成长率(也称作烧结率)是诸机制的总贡献。烧结材料的高密度和高强度是制备优质纳米量级薄膜材料的前提。

表 1-1　烧结机制及物质输送途径

机　制	物　质	输送途径
表面扩散	表面原子	表面原子沿着表面到颈部
点阵扩散	表面原子	表面原子通过点阵扩散到颈部
蒸汽传输	表面原子	表面原子蒸发后在颈部凝结
晶界扩散	晶界原子	晶界原子沿着晶界扩散到颈部
点阵扩散	晶界原子	晶界原子通过点阵扩散到颈部
管道扩散	位错上的原子	位错上的原子通过位错扩散到颈部

三、实验任务

通过固相反应法制备锰氧化物 $La_{1-x}Ca_xMnO_3$ 和 $La_{1-x}Sr_xMnO_3$。

四、实验仪器和设备

高温炉（PID 控温 0～1 600 ℃）、压力机（最大压力 10 t）及模具、研钵（直径 50 cm）、电子天平（精度 0.000 1 g）。

五、实验内容和步骤

1. 选材

分析纯：La_2O_3 粉末、$CaCO_3$ 粉末、$SrCO_3$ 粉末、MnO_2 粉末。

2. 配料

按 $La_{1-x}Ca_xMnO_3$ 和 $La_{1-x}Sr_xMnO_3$ 掺杂比 $x=1/3$ 将各元素氧化物按照名义配比进行配料。各种配比的氧化物的物质的量都为 0.1 mol，换算成质量，使用电子天平对材料进行称量。

3. 研磨

将已经配好的不同掺杂比例的混合物分别进行研磨（使用研钵或球磨机），并加入适量的无水乙醇使得研磨更加充分、均匀。单份研磨时间约为 4～5 h，直至颗粒度极其精细（使用玻璃等光滑物轻压粉料便可形成反射率较高的表面）。

4. 烧结

将以上材料放入刚玉坩埚（高熔点、高温活性低）中，在 STM-1-10 型马弗炉中，逐渐升温（约 8 h）直至炉温为 1 000 ℃，再烧结 10 h，并随炉温自然冷却至室温。

5. 反复

重复步骤 3 和 4 两到三次，使材料完全均匀，完全反应。注意：最后一次的研磨先不要加无水乙醇。将研磨的精细粉末进行 X 射线衍射测试，并分析结构和反应状况（看是否还有几种原配料的衍射杂峰），若已完全反应，则可进行下一步骤。

6. 压片

将最终的粉末加少许无水乙醇调成密实块，移至模具中，用液压机进行压片（压力为 60 MPa），直径大小由镀膜设备要求决定。由于在烧结后材料会有体收缩现象，所以实际尺寸应比镀膜要求尺寸稍大一些。

7. 烧结

将炉温升到 1 200 ℃，并保持 10 h 以上进行最后的烧结，然后在空气中使炉温按一定的速率冷却至室温，形成块状多晶靶材。

六、实验注意事项

(1) 若选用的化学药品吸潮，则必须先进行烘干再称量。

(2)电子天平使用时不得超过量程(110 g),称量时要轻放。
(3)研磨时加入的无水乙醇要适量。

七、思考题

(1)烧结时其机制和物质传输途径有哪些?
(2)高温度的升温和降温速度都有哪些限制?
(3)研磨时加入无水乙醇的作用是什么?

实验二　溶胶-凝胶法制备靶材

一、实验目的

(1)掌握溶胶-凝胶法制备靶材的原理和基本流程。
(2)能使用溶胶-凝胶法制备所需氧化物靶材。

二、实验原理

溶胶-凝胶法是在制备粉体、陶瓷和薄膜等各种材料时经常采用的一种化学方法。目前,随着实验技术的改进和发展,溶胶-凝胶法的具体技术路线也逐步丰富起来。该种制备方法具有许多优点:①将制备材料溶解到溶剂中,实现离子级别的混合,提高反应活性,可以显著降低反应温度,这使得制造高温易挥发分解的材料成为可能;②与固相反应法相比,这种方法规避了研磨阶段,从而提高了材料合成的生产效率。

溶胶-凝胶法的基本原理是以无机盐或金属醇盐为前驱物,将其溶于溶剂(水或有机溶剂)中形成均匀的溶液后,再加入其他组分,在一定温度下,溶剂和溶质发生水解或醇解反应,生成由粒径为几纳米的粒子聚集而成的产物,并形成溶胶,最后经过干燥和烧结等处理制成所需的材料。

溶胶-凝胶法一般分为以下 6 个步骤。

(1)溶液的形成:通过混合形成稳定的含有金属阳离子的溶剂化合物。
(2)凝胶的形成:溶胶通过缩聚和聚合反应形成三维网状结构,即凝胶。
(3)凝胶的老化(脱水收缩):老化期间,缩聚反应持续进行,直至有大量固体物质生成,并伴有网状结构的收缩和孔洞的产生。
(4)凝胶的干燥:干燥的主要目的是除去凝胶网状结构中的水和挥发性物质。
(5)脱水:除去表面键合的 M—OH 基团,防止凝胶再次发生水合反应。
(6)凝胶的高温分解:除去有机基团,形成所需的物质。

三、实验任务

使用溶胶-凝胶法制备所需的 $Sr_3Al_2O_6$ 氧化物靶材。

四、实验仪器和设备

高温炉(PID 控温 0~1 600 ℃)、压力机(最大压力 10 t)及模具、研钵(直径 50 cm)、电子天平(精度 0.000 1 g)、干燥箱和磁力搅拌加热器。

五、实验内容和步骤

以溶胶-凝胶法制备 $Sr_3Al_2O_6$ 靶材为例。一般情况下,需要以最终获得 0.1 mol 的 $Sr_3Al_2O_6$ 进行原料用量计算。以 $Sr(NO_3)_2$ 为锶源,$Al(NO_3)_3 \cdot 9H_2O$ 为铝源,分别以去离子水为溶剂、柠檬酸为络合剂,通过溶胶-凝胶法制备 $Sr_3Al_2O_6$ 粉末。$Sr(NO_3)_2$ 和 $Al(NO_3)_3 \cdot 9H_2O$ 按 $n(Sr^{2+}):n(Al^{3+})=3:2$ 的比例添加到去离子水中,进一步将混合液放置在磁力搅拌器中,用 75 ℃ 水浴恒温搅拌,在搅拌过程中加入柠檬酸,调节 pH,形成丁达尔现象。

1. **称量原料**

以 $n(Sr^{2+}):n(Al^{3+})=3:2$ 的比例称量 $Sr(NO_3)_2$ 和 $Al(NO_3)_3 \cdot 9H_2O$ 原料,放入烧杯中。同时以柠檬酸与金属阳离子的摩尔比为 1:0.5 称量柠檬酸,放入烧杯。

2. **磁力搅拌与干燥**

将去离子水倒入烧杯,所有溶质溶解,进一步将烧杯放在磁力拌搅加热器上进行加热搅拌(温度为 75 ℃),直至大部分水分挥发,剩余物质明显呈胶黏状。再将烧杯放入干燥箱中进行干燥。经过 24 h 干燥后,若胶体发生膨胀,则需在烧杯中加入无水乙醇,点燃去除有机物,凝胶体积减小。若不发生膨胀,则可将凝胶放置在清洗过的石英方舟中,再放入马弗炉中进行加热。

3. **高温烧结**

粉末在马弗炉中经 800 ℃ 保温约 2 h 热分解,去除有机物,继续升温至 1 200 ℃ 保温 12 h,使其粉体初步结晶。然后将粉体从马弗炉中取出,倒入研磨器,研磨约 6 h,再将粉体放入马弗炉中加热,这次的烧结温度应略高于 1 200 ℃(约 1 250 ℃),保温 12 h,使其进一步结晶。烧结完成后取出再次研磨 6 h。所有研磨过程中均可以加入无水乙醇,以使研磨更加充分。可加入少量水或者聚乙二醇作为黏合剂,滴入粉体,再充分搅拌均匀。将粉体放入无水乙醇清洗过的压片模具中,再将压片模具整体放入压片机中,进行压片。须进行多次压片,且每次压力应大于上一次压力。经多次压片,取出定型后的圆形靶材,将其放在刚玉板上,再次放入马弗炉进行烧结。第三次烧结温度为 1 350 ℃,保温 24 h。烧结结束,取出即可,至此靶材制作完成。

六、实验注意事项

(1)注意原料中结晶水的含量,电子天平不得超过量程(110 g),称量时要轻放。
(2)压力机的压力应适当,防止损坏模具。

七、思考题

(1)丁达尔现象具体是指什么现象?
(2)用溶胶-凝胶法还可以制备哪些材料体系?
(3)能否使用溶胶-凝胶法制备薄膜?

实验三 熔淬急冷法制备非晶与纳米晶材料

一、实验目的

(1) 了解熔淬急冷法制备非晶、纳米晶材料的基本原理和过程。
(2) 掌握高频感应加热炉的工作原理和基本操作。

二、实验原理

熔淬急冷法的原理示意图如图 3-1 所示。合金在样品熔管内加热熔化,熔体在气体压力下克服表面张力,经样品熔管下端的喷嘴喷射到下方高速旋转的淬冷辊表面。熔体流在与铜辊轮表面接触时凝固,并在辊轮转动离心力的作用下以薄带的形式抛射出来。冷却速度直接与薄带的厚度相关,而带厚则由辊速、喷嘴与辊面的距离、气体压力和喷嘴的直径等工艺参数决定,调整这些工艺参数可获得不同的冷却速度。假设熔融合金为理想液体,喷嘴喷出的熔液的运动过程可以由伯努利(Bernoulli)方程描述为

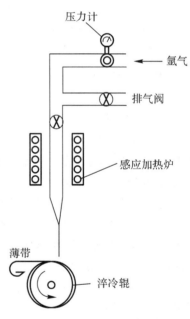

图 3-1 熔淬急冷法的原理示意图

$$P_E + \rho g h + \frac{1}{2}\rho v_f^2 = P_0 + \frac{1}{2}\rho v_0^2 \quad (3-1)$$

式中:ρ 为液态合金密度;h 为坩埚内熔化合金的高度;v_f 是熔化合金液面下降速度;p_0 和 v_0 分别为溶液喷出的压力和速度;p_E 是坩埚内气氛压力。

当制备过程中坩埚内的气氛压力 p_E 保持不变时,随着熔化合金不断喷出,h 不断减小,由式(3-1)可知,熔液喷出速度减小,则带材随之减薄[在其他工艺参数(如转速、熔化温度)不变的情况下]。

三、实验任务

制备 Fe-Cu 及 Co-Cu 固溶体合金薄带。

四、实验仪器和设备

实验设备包括高频感应加热炉、真空系统、自制单辊甩带等。基于熔淬急冷法的制样设备的正视图和侧视图如图 3-2 所示,主要包括抽气及充气管路、真空压力罐、感应加热线圈、铜辊、工作台、轴承支架、电极及冷却水管、铜板电极、高频加热器、薄带收集筐、电机固定架、电机等。

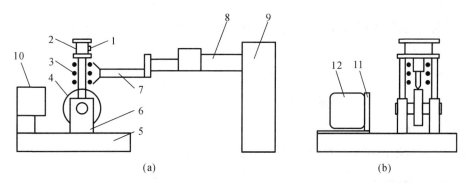

1—抽气及充气管路;2—真空压力罐;3—感应加热线圈;4—铜辊;5—工作台;6—轴承支架;
7—电极及冷却水管;8—铜板电极;9—高频加热器;10—薄带收集筐;11—电机固定架;12—电机

图 3-2 基于熔淬急冷法的制样设备
(a)正视图;(b)侧视图

五、实验内容和步骤

1. 称量

用天平分别称量 Fe、Cu 及 Co 等金属粉末,配置合金样品 $Co_{20}Cu_{80}$ 或者 $Fe_{20}Cu_{80}$ 约 10 g。

2. 熔炼母合金

用高频感应加热炉熔炼合金样品,得到母合金;将称量好的合金放入圆底石英试管,并在合金两端放入三氧化二硼(用于玻璃净化),在不锈钢真空室下端固定好石英试管,保证试管在感应加热线圈的中央并且没有和石英试管接触(否则石英试管会炸裂,可能造成人身伤害);打开真空机械泵,抽气 10 min 后,关闭抽气阀,打开真空室氩气瓶减压阀,向真空室里充入氩气,然后关闭氩气气瓶减压阀,打开抽气阀抽气。如此反复三次。最后打开高频加热炉(操作见"附:高频感应加热炉操作规程"),加热合金直到合金熔化后,再保温 15 min,使合金充分融合。

3. 制备合金薄带

将熔炼好的合金样品用断线钳分成几部分(以备之后使用),放进带有圆形小孔喷嘴的石英试管中,并固定在不锈钢真空室下端,调整喷嘴下端到铜辊表面的距离,约 1~2 mm,并保证石英试管和感应加热线圈没有接触。然后打开抽气阀抽真空,并用塑料纸堵住试管喷嘴圆孔,像熔炼合金时重复充气放气3次后,打开另一个氩气气瓶的减压阀,在喷嘴周围形成氩气气流保护合金,以防止氧化。这时关闭抽气阀和真空室充气减压阀;打开高频感应加热炉(按规程操作),同时打开电机开关(面板右侧的闸刀),使铜辊转动起来;观察到石英试管中的合金熔化后,打开真空室充气减压阀,使压力增至 0.2 MPa,此时随着辊轮的转动,薄带被抛射出来。

4. 关机

切断电机电源,关闭真空室充气减压阀;按照操作规程关闭高频感应加热炉的高压系统。

5. 收集样品

打开薄带收集筐,取出制备的薄带。

6. 镶嵌样品

将合金薄带镶嵌在牙托粉中,进行打磨抛光腐蚀,得到金相样品。

六、实验注意事项

(1)高频感应加热炉的高压开启后,不要接触铜板电极及加热线圈,以免触电。
(2)调节灯丝调压器时,一定要注意观察灯丝电压表,最大电压不要超过 7 V。
(3)在调节高压调压器时,要注意栅流表、阳流表及高压表,不要超过它们的最大量程,其中,栅流表为 0.45 A,阳流表为 2 A,高压表为 6.5 kV。
(4)注意打开和关闭高频感应加热炉的顺序。

七、思考题

(1)影响熔淬急冷法的因素有哪些?
(2)说明非晶、纳米晶材料形成的基本原理。
(3)阐述高频感应加热的基本原理。

附:高频感应加热炉操作规程

(1)关上设备所有的盖板;接通冷却水源;确保灯丝的开关打到断开位置,并将灯丝的调压器和高压调压器逆时针方向旋到"0"位;打开设备的电源,可以看到面板上电源的显示灯亮,同时听到风机转动。

(2)开启灯丝系统。将灯丝调压器的开关打到接通的位置,这时可以看到灯丝指示灯亮,如图 3-3 所示,然后顺时针方向逐渐调节灯丝电压旋钮,并观察灯丝电压表,调电压至 7 V,进行预热。

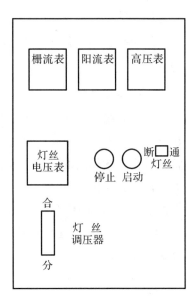

图 3-3 高频感应加热炉控制面板示意图

(3)预热约 1 h 后,开启高压系统。将空气开关打到

"合"的位置,再按下启动按钮,这时可以看见启动按钮灯亮,然后缓慢升高电压,并观察高压表,直至电压升到 5 kV,这时金属已经熔化。注意:此时高压已经启动,不要接触电极。

(4)关闭高频感应加热炉。

1)逆时针将高压调压器旋至"0"位;

2)按下高压停止按钮,切断高压及可控硅主回路;

3)把空气开关打到"分"的位置;

4)逆时针将灯丝调压器旋至"0"位;

5)将灯丝开关打到"断"的位置;

6)冷却 20 min 后,关闭设备电源及冷却水。

实验四　脉冲激光沉积法制备薄膜

一、实验目的

(1) 掌握脉冲激光沉积薄膜的基本原理和过程。
(2) 了解准分子激光器的工作原理及操作。

二、实验原理

脉冲激光沉积(Pulsed Laser Deposited,PLD)薄膜的原理示意图如图 4-1 所示,将准分子脉冲激光器所产生的高功率脉冲激光束聚焦作用于靶材表面,使靶材表面产生高温及熔蚀,并进一步产生高温、高压等离子体(温度高于 1×10^4 K),这种等离子体定向局域膨胀发射并在衬底上沉积而形成薄膜。脉冲激光作为一种加热源,其特点之一是能量在空间和时间上的高度集中。目前,在实验室所用的脉冲激光器中,准分子激光器(excimer laser)的综合性能和效

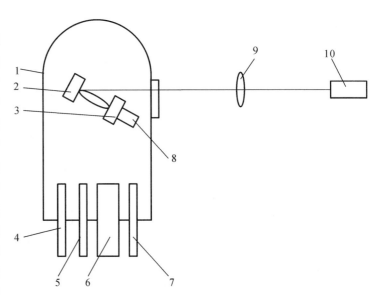

1—真空靶室；2—靶材固定架；3—基片；4—氧气进口；5—电偶规；
6—真空泵；7—电离规；8—加热装置；9—聚焦透镜；10—准分子激光器

图 4-1　脉冲激光沉积薄膜的原理示意图

果最好。准分子激光器的工作气体为 ArF、KrF、XeCl 和 XeF,对应的波长分别为 193 nm、248 nm、308 nm 和 351 nm,光子能量相应为 6.4 eV、5.0 eV、4.03 eV 和 3.54 eV。准分子激光器的一般输出脉冲宽度为 20 ns,脉冲重复频率为 1~20 Hz,靶面能量密度可达 2~5 J/cm²,其功率密度可达 1×10^8~1×10^9 W/cm²,而脉冲峰值功率可达 1×10^9 W/cm²。

在强脉冲激光作用下,靶材物质的聚集态迅速发生变化,且成为等离子体膨胀射出,直

达基片表面凝结成薄膜。沉积薄膜一般可分成 3 个过程：①在脉冲激光照射下的材料汽化并产生等离子体；②等离子体的定向局域等温绝热膨胀发射；③激光等离子体与基片表面的相互作用，并在衬底表面凝结成膜。

三、实验任务

在玻璃基片上沉积钙钛矿氧化物薄膜。

四、实验仪器和设备

准分子激光器、真空沉积系统、超声清洗设备等。

五、实验内容和步骤

1. 清洗玻璃基片

先将玻璃基片在氢氧化钠溶液中浸泡 0.5 h，除去表面的油污，然后依次放入丙酮和乙醇超声波清洗池中分别清洗 15 min，拿出后在电热吹风机下吹干。

2. 安装调试基片

升起真空室的真空罩，用酒精脱脂棉把真空室擦洗干净，将清洗过的玻璃基片放置在基片台上，同时把直径为 50 mm 的圆形靶材固定在靶材转动机构上，放下真空罩。

3. 调试准分子激光器

打开激光器，使其正常出光；调试聚焦透镜，使其焦点对准靶材，若光没有聚焦到靶材上，则重新调试透镜，直至光聚焦到靶材上；开启准分子激光器总电源，加热准分子激光器闸流管；15 min 之后，打开火花塞的气体控制阀，调节到合适稳定的气压，流量显示约 5 L/min。准分子激光器电源的控制面板示意图如图 4-2 所示。首先按下信号开关，在示波器上显示脉冲信号；其次按下闸流管电压开关，同时缓慢增大闸流管电压变压器，观察电压表的显示读数，直到显示 90 V，注意其电压不应超过 100 V；最后按下电极电压开关，同时缓慢调节电极电压变压器，观察电压表Ⅱ的读数，当电压增加到 220 V 时，产生脉冲激光，激光器开始稳定工作。

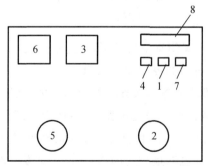

1—闸流管电压开关；2—闸流管电压变压器；3—电压表Ⅰ；4—电极电压开关；
5—电极电压变压器；6—电压表Ⅱ；7—信号开关；8—频率调节按钮

图 4-2　准分子激光器电源的控制面板示意图

4.开启真空系统

真空镀膜机电源控制面板示意图和控制阀示意图如图4-3和图4-4所示,关闭所有控制阀,打开总电源和机械真空泵电源,约5 min后,打开真空管路阀Ⅰ,开始抽真空。

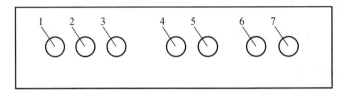

1—总电源;2—机械真空泵电源;3—有扩散泵电源;4—整流电源;5—轰击电源;6—蒸发电源;7—轰击蒸发电源

图4-3 真空镀膜机电源控制面板示意图

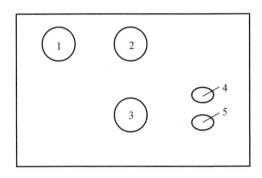

1—油扩散泵开关;2—真空管路阀Ⅰ;3—真空管路阀Ⅱ;4—蒸发室放气阀;5—机械泵放气阀

图4-4 真空镀膜机控制阀示意图

5.升温

开启基片加热控温系统,使基片的温度保持在450 ℃;打开真空镀膜机电源控制面板上的轰击蒸发电源和蒸发电源,然后旋转控制面板下边的变压器,增大电流直至电阻丝变红。

6.沉积薄膜

在20 min之后,重新打开激光器,开始沉积薄膜。

7.关闭激光器和真空系统

沉积1 h后,关闭激光器,关闭真空机械泵,真空系统放气,打开钟罩,取出基片,观察沉积薄膜样品。准分子激光器电源的控制面板如图4-2所示。关闭激光器时,首先把电极电压变压器调到零(在电压表Ⅱ上观察),关闭电极电压开关;然后把闸流管电压变压器调到零(在电压表Ⅰ上观察),关闭闸流管电压变压器开关;最后关闭信号开关;关闭火花塞气体控制阀。关闭真空系统,如图4-3和图4-4所示:首先关闭真空管路阀Ⅰ;然后关闭机械真空泵电源,随后打开机械泵放气阀;最后关闭轰击电源、蒸发电源及总电源,打开蒸发室放气阀。等放气完毕后,打开钟罩。

六、实验注意事项

(1)不要用眼睛直接对着激光出光口观察或到激光器后面,以免造成人身伤害。
(2)在开启及关闭激光器时,一定要按实验规程操作,否则会引起电路损坏。
(3)闸流管电压一定不要超过 100 V,否则会引起击穿。
(4)在关闭真空系统时,应注意机械泵的放气。

七、思考题

(1)准分子激光器的工作原理是什么?
(2)为什么选用准分子激光器制备氧化物薄膜?
(3)阐述脉冲激光沉积薄膜的物理过程。

实验五　磁控溅射法制备氧化物薄膜

一、实验目的

(1) 了解磁控溅射法的原理及其分类。
(2) 掌握磁控溅射过程的主要参数及影响因素。
(3) 了解磁控溅射的适用范围。

二、实验原理

首先对真空室抽真空(真空系统气路见图 5-1)，而后通入 Ar 等，在一定的 Ar 气压和电压下发生气体放电，产生等离子体。靶材由被沉积的原材料构成。在靶上施加数千伏的负电压时，被加速的 Ar 粒子将以一定的能量轰击靶，靶材中的原子会被碰撞离位。由于离位原子的反复作用，所以靶表面的原子将获得足够的能量以克服周围原子的束缚，从而脱离靶表面成为溅射原子。溅射原子以与入射离子相反的方向离开靶表面，最终沉积在与靶相对布置的基板表面上。

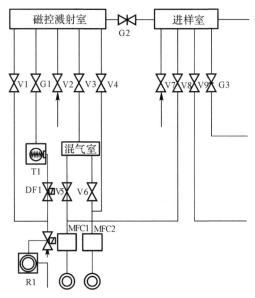

V1～V9—手阀；G1～G3—双座球阀；T1—分子泵；
DF1—气液电磁阀；MFC1,MFC2—质量流量计；R1—机械泵

图 5-1　真空系统气路

靶表面原子被溅射出的同时,由于离子轰击,靶表面还会产生二次电子;二次电子在离开靶表面向阳极运动的加速过程中会碰撞气体原子,使其电离;新生成的离子会源源不断地补充到放电空间的等离子体中。因此,二次电子是维持气体放电的关键。如图 5-2 所示,磁控溅射是在靶下部布置磁铁,使其产生的磁场与靶表面平行,并与电场方向垂直。在相互垂直的电、磁场联合作用下,二次电子沿靶表面的"跑道"做圆滚线运动,这增加了其与气体原子碰撞电离的机会,从而可实现低温(指靶的温升低、基片的温升低)、低损伤(对基片及膜层的损伤小)、低工作气压(10^2 Pa)、高沉积速率(可超过真空蒸镀)的薄膜沉积。使用磁控溅射生成的膜层质量好,特别适合于大面积的连续化生产。但应特别指出的是,对于铁磁性靶材,为了防止磁场短路,需要采用间隙靶(即在靶表面垂直于磁场方向开设沟槽)或薄型靶等。磁控溅射的主要优点是它不要求作为电极的靶材是导电的。因此,理论上利用射频磁控溅射可以溅射沉积任何材料,溅射沉积时它们会减弱或改变靶表面的磁场分布,影响溅射效率。因此,磁性材料的靶材需要特别加工成薄片,以尽量减少对磁场的影响。

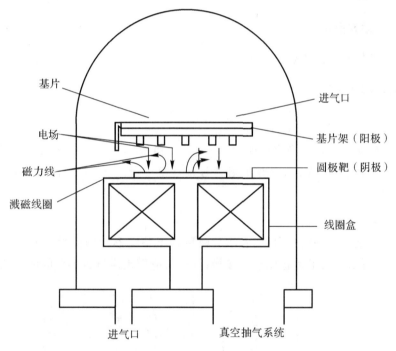

图 5-2 磁控溅射原理

要得到高质量的钙钛矿锰氧化物薄膜,需要采用外延生长的方法,使用的衬底材料一般是氧化物单晶。表 5-1 是锰氧化物材料常用衬底的晶系、晶格常数和热膨胀系数。

表 5-1 锰氧化物材料常用衬底的晶系、晶格常数和热膨胀系数

衬底晶体	晶 系	晶格常数/nm	热膨胀系数/K^{-1}
$SrTiO_3$	立方	$a=0.3905$	8.6×10^{-6}
$Zr(Y)O_2$	立方	$a=0.5160$	10×10^{-6}

续表

衬底晶体	晶系	晶格常数/nm	热膨胀系数/K^{-1}
MgO	立方	$a=0.4203$	13.8×10^{-6}
Al_2O_3	六角	$a=0.4763, c=1.3003$	$7.8\times10^{-6}(\perp)$
$LaAlO_3$	赝立方	$a=0.3788$	10×10^{-6}
$LaCaO_3$	正交	$a=0.5519, b=0.5494, c=0.7770$	10.6×10^{-6}

三、实验任务

利用已经制备的具有庞磁电阻性能的靶材($La_{1-x}Ca_xMnO_3$ 和 $La_{1-x}Sr_xMnO_3$),用磁控溅射法在玻璃基片和 $LaAlO_3$ 基片上制备薄膜。

四、实验仪器和设备

超声波清洗机和磁控溅射镀膜机。

五、实验内容和步骤

1. 单晶衬底的处理

首先将衬底在盐酸与纯净水的摩尔比为 1∶4 的稀盐酸中清洗 10 min,再用水冲洗,去除衬底表面的氧化物杂质;然后用丙酮在超声波清洗机中清洗 20 min,洗去表面油脂等杂质;最后在酒精中冲洗并风干。

2. 掩模处理

为了在衬底上获得条状的薄膜,在溅射时要加上特定形状的掩模。薄膜和掩模的形状设计如图 5-3 所示。为了防止掩模的接触污染,对掩模也需进行类似的清洁处理。

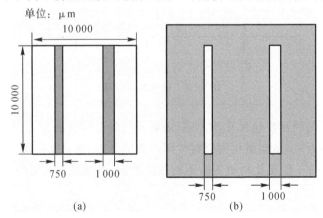

图 5-3 薄膜和掩模的形状设计
(a)薄膜;(b)掩膜

3.射频磁控溅射镀膜

本实验使用JGP560C型超高真空多功能磁控溅射设备进行单靶溅射。将事先制备好的靶材、清洗处理完毕的衬底和掩模放入已经清洁过的镀膜机衬底位置。射频磁控溅射镀膜时的相关参数如表5-2所示。

表5-2 射频磁控溅射镀膜时的相关参数

参 数	靶距/mm	背景气压/Pa	氩气流量/(mL·min^{-1})	溅射气压/Pa	功率/W
数 值	60	1×10^{-5}	10	0.5	60
参 数	预溅时间/min	溅射时间/h	冷却时间/h	衬底温度/K	
数 值	20	1.5	10	500	

4.薄膜退火处理

将制备好的各个样品薄膜放在马弗炉中进行热处理,通过X射线衍射分析检验薄膜是否具有单晶外延的结构特性。

六、实验注意事项

(1)对真空室的抽气要按照规范进行,否则容易发生危险。
(2)靶材的安放要和上、下靶座接触良好。
(3)射频溅射时,要求调节匹配器,使入射和出射能量差值最大。

七、思考题

(1)磁控溅射法制备薄膜的原理是什么?
(2)绝缘体材料制备薄膜为什么采用射频溅射方法?

实验六　离子束溅射法制备氧化物薄膜

一、实验目的

(1) 了解离子束溅射法的原理及其分类。
(2) 掌握离子束溅射过程的主要参数及影响因素。
(3) 了解离子束溅射法的适用范围。

二、实验原理

离子束溅射法的原理是，在比较低的气压下，氩离子以一定角度从离子源射出，对靶材进行轰击(由于轰击离子的能量大约为 1 keV，所以对靶材的穿透深度可忽略不计，级联碰撞只发生在靶材几个原子厚度的表面层中)使大量的原子逃离靶材表面，成为溅射粒子，这些粒子具有的能量大约为 10 eV。由于真空室内的背景气体分子比较少，所以溅射粒子的自由程很大，这些粒子以直线轨迹到达基板并沉积在上面形成薄膜。由于大多数溅射粒子具有的能量只能渗入使薄膜致密，而不足以使其他粒子移位造成薄膜的破坏，并且由于低的背景气压，薄膜的污染也很低；而且冷的基板也阻止了热激发引起的晶粒生长在薄膜内的扩散，因此，在基板上可以获得致密的无定形膜层。在成膜过程中，特别是那些能量高于 10 eV 的溅射粒子，能够渗入几个原子量级的膜层，从而提高了薄膜的附着力，并且在高、低折射率层之间形成了很小梯度的过渡层。有些轰击离子从靶材获得了电子进而成为中性粒子，然后或多或少地被弹性反射并且以几百电子伏的能量撞击薄膜，这些高能中性粒子的微量喷射可以进一步使薄膜致密，而且它们也增大了薄膜的内应力。

离子束溅射装置主要由离子源、离子引出极和沉积室 3 大部分组成，在高真空或超高真空中溅射镀膜(真空室气路见图 6-1)。离子源工作原理：在放电室里，电子从热阴极发射出来，在向阳极运动的过程中，与充入的氩气气体发生碰撞，产生气体放电，建立等离子体。电子在运动过程中损失大部分能量，到达阳极后形成阳极电流。在放电室的等离子体中，正离子通过彼此对准的两个多孔栅极组成的离子光学系统加速。等离子体的正离子在离子光学系统的作用下先加速，一旦离开加速栅，其立即减速并被引出形成离子束。聚焦源为曲面栅，引出的束为聚焦束；平行源为平面栅，引出的束为平行束。为减小离子束中的空间电荷静电斥力的影响，进而避免正离子轰击绝缘体表面产生有害的正电荷积累，在加速栅前需要装中和器灯丝。当离子束刚离开光学的加速栅、进入真空工作室时，离子束将受到一个中和器发射的电子的浸没,中和器的空间电荷使正离子呈中性。这束具有能量的中性粒子束轰击靶材,会将靶材粒子轰击出来,进而沉积在样品衬底上。

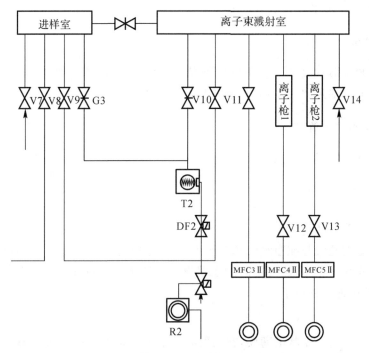

V7~V14—手阀;G3—双座球阀;T2—分子泵;
DF2—气液电磁阀;MFC3Ⅱ~MFC5Ⅱ—质量流量计;R2—机械泵

图6-1 真空室气路

离子束沉积系统的工作参数可以独立控制,因此可以有效监控薄膜生长过程,实施离子束预清洗衬底,进而提高薄膜致密度和减小空隙度,改变薄膜应力的性质和大小,最终制备出具有小晶粒尺寸及低缺陷密度的薄膜。离子束溅射原理示意图如图6-2所示。

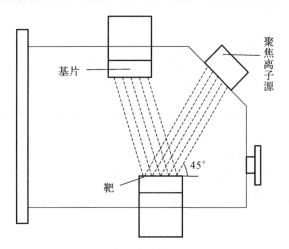

图6-2 离子束溅射原理示意图

要得到高质量的钙钛矿锰氧化物薄膜,需要采用外延生长的方法,使用的衬底材料一般是氧化物单晶。外延氧化物薄膜和钙钛矿锰氧化物薄膜中使用的几种单晶衬底材料的晶系、晶格常数和热膨胀系数见表 5-1。

三、实验任务

利用已经制备的具有庞磁电阻效应的靶材($La_{1-x}Ca_xMnO_3$ 和 $La_{1-x}Sr_xMnO_3$),用离子束溅射法在玻璃基片和 $SrTiO_3$ 单晶基片上制备薄膜。

四、实验仪器和设备

超声波清洗机和离子束溅射镀膜机。

五、实验内容和步骤

1. 单晶衬底的处理

首先将衬底在盐酸与纯净水的摩尔比为 1∶4 的稀盐酸中清洗 10 min,再用水冲洗,去除衬底表面的氧化物杂质;然后用丙酮在超声波清洗机中清洗 20 min,洗去表面油脂等杂质;最后在酒精中冲洗并风干。

2. 掩模处理

为了在衬底上获得条状的薄膜,在溅射时要加上特定形状的掩模。薄膜和掩模的形状设计如图 5-3 所示。为了防止掩模的接触污染,对掩模也需进行类似的清洁处理。

3. 离子束溅射镀膜

将事先制备好的靶材和清洗处理完毕的衬底以及掩模放入已经清洁过的镀膜机中的相应位置。离子束溅射镀膜时的相关参数如表 6-1 所示。

表 6-1 离子束溅射镀膜时的相关参数

参 数	靶距/mm	背景气压/Pa	溅射气压/Pa	放电电压/V	灯丝电流/A
数 值	60	1×10^{-5}	1×10^{-2}	65~70	7~8
参 数	加速电压/V	束流电压/V	溅射时间/h	冷却时间/h	衬底温度/K
数 值	100	500	1.5	10	500

4. 薄膜退火处理

将制备好的各个样品薄膜放在马弗炉中进行热处理,通过 X 射线衍射分析检验薄膜是否具有单晶外延的结构特性。

六、实验注意事项

(1) 对真空室的抽气要按照规范进行,否则容易发生危险。

(2)束流电压工作一段时间以后才会稳定,调节时应注意观察。

七、思考题

(1)离子束溅射过程中如何产生离子束?
(2)离子束溅射制备薄膜的原理是什么?
(3)阐述离子束溅射法制备薄膜的优、缺点。

实验七　一步法制备有机-无机杂化钙钛矿薄膜

一、实验目的

(1) 了解有机-无机杂化钙钛矿材料的前沿和研究进展。

(2) 掌握一步法制备有机-无机杂化钙态矿薄膜的物理过程、原理和方法。

二、实验原理

自从 2009 年有机-无机杂化钙钛矿材料碘化铅甲胺($CH_3NH_3PbI_3$,简写为 $MAPbI_3$)被用作太阳能电池的吸光层并实现 3.8% 的光电转化率以来,对于此类材料的研究成为太阳能电池和光电材料领域的研究热点之一。经 10 余年的研究,以此为吸光层的钙钛矿太阳能电池实现了 25.2% 的光电转化率,同时,人们逐渐认识到有机-无机杂化钙钛矿材料不仅具有优异的光电性能,还具有丰富的自旋和电致伸缩等特性。关于钙钛矿薄膜的制备方法已经发展形成了一个较完整的体系,主要有溶液旋涂法(包括一步溶液法和两步溶液法)、两步沉积法[将 PbI_2 薄膜浸于 MAI 的异丙醇(IPA)溶液中]、反溶剂法、蒸气沉积法、常温溶液萃取法等。蒸气沉积法,可用于共同蒸发 $PbCl_2$ 和 MAI;蒸气辅助溶液法,只使用一个 MAI 蒸发源,PbI_2 薄膜通过溶液法制备。本实验采用的制备方法是一步溶液旋涂法。

三、实验任务

制备有机-无机钙钛矿 $MAPbI_3$ 系列薄膜。

四、实验仪器和设备

手套箱、热台及甩胶机等。

五、实验内容和步骤

1. $MAPbI_3$ 前驱体溶液的制备

选用 $Pb(CH_3COO)_2 \cdot 3H_2O$ 作为制备钙钛矿的铅源。将 MAI 和 $PbAc_2 \cdot 3H_2O$ 粉末按照 3:1 的摩尔比混合溶解于无水的二甲基甲酰胺(DMF)中,然后将溶液放置在超声中振荡 30 min,得到浓度为 1 mol/L 的 $MAPbI_3$ 前驱液。随后将前驱液移入由氮气填充的手套箱内备用。

2.玻璃基底的清洗

实验中使用的基底是玻璃片,其尺寸为 7 mm×7 mm。先将基底依次放置于清洁剂、丙酮、酒精、去离子水中,分别用超声波清洗 10 min。为改善玻璃基底表面对钙钛矿前驱液的浸润性,再将清洗洁净的基底移入等离子溅射镀膜仪中,使用氩气作为溅射气体,利用高压产生的氩离子等离子体轰击基底表面,轰击时长为 4 min(高压为 1 kV,氩气气压为 4 Pa,溅射电流为10 mA)。最后,将处理好的基底转移到由氮气填充的手套箱内。

3.$MAPbI_3$ 薄膜的制备

取适量前驱液滴加在基底上,以 6 000 r/min 的转速旋涂前驱液,持续 40 s;将基底迅速移至恒温热台,在 100 ℃下退火 5 min,得到 $MAPbI_3$ 薄膜,再在室温下在手套箱内用氮气将薄膜快速吹干;将薄膜移至恒温热台上,在 120 ℃下退火 20 min 后得到参考样品。

六、实验注意事项

(1)注意手套箱的使用方法。
(2)退火时,升温和降温速度都有限制(4 ℃/min),速度不可过快。

七、思考题

(1)一步法制备有机-无机杂化钙钛矿薄膜的原理是什么?
(2)一步溶液法和两步溶液法的区别是什么?
(3)制备薄膜最后进行退火的目的是什么?

实验八　光刻技术在微小器件制备中的应用

一、实验目的

(1) 了解微小器件光刻的原理。
(2) 了解光刻工艺过程。
(3) 掌握光刻机的使用方法。

二、实验原理

光刻指的是使用掩模进行曝光时,将掩模的图形在紫外光下进行曝光,再将其以数据式图形的形式复制在半导体硅片表面的光刻胶上,形成光刻胶像;采用湿法腐蚀的部分,形成所需要的掩模板图形。负性抗蚀剂光刻的工艺流程图如图 8-1 所示。在本实验中,主要是采用光刻的方法制备薄膜的电极,为低温下庞磁电阻材料的光电实验测试做准备。

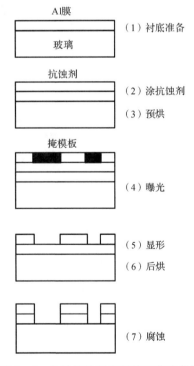

图 8-1　负性抗蚀剂光刻的工艺流程图

三、实验任务

在镀铝膜的玻璃基片上光刻一定的电极图形,所使用掩模板的示意图如图 8-2 所示。

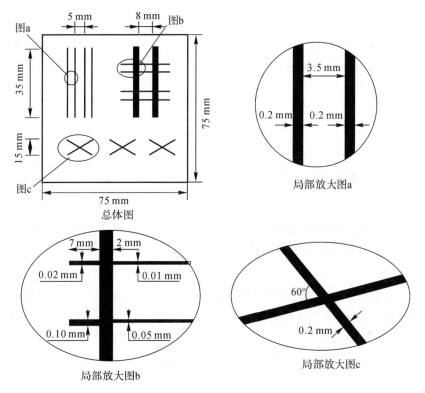

图 8-2 光刻电极所使用掩模板的示意图

四、实验仪器和设备

光刻机、甩胶机、真空泵、烘箱等。

五、实验内容和步骤

1. 清洁处理

对镀铝膜的玻璃基片进行表面清洁处理,并用吹风机吹干,得到干燥清洁的表面,以便使光刻胶与铝膜有良好的黏附效果。

2. 光刻胶的涂敷

为使光刻胶和基片之间有很好的黏附,将表面清洁的基片在惰性气体中进行热处理后,用真空吸引法将基片吸在转速和旋转时间可自由调节的甩胶机的吸盘上,将一定黏度的光刻胶滴在基片上,设定转速和旋转时间。利用离心力的作用使光刻胶在基片上均匀地展开。光刻胶的厚度可以由光刻胶的黏度和甩胶机的转速控制(甩胶机的操作流程详见其说明书)。

3. 预烘

因为涂好的光刻胶中含有溶剂,所以要在 80 ℃ 左右的烘箱中在惰性气体环境下烘干 15～30 min。

4. 曝光

将高压水银灯的 g 线(波长 436 nm)、i 线(波长 365 nm)通过掩膜照射在光刻胶上,使光刻胶获得与掩膜图形同样的感光图形。这一过程主要在 JKG-2A 型光刻机上操作(详细的操作见其说明书)。

5. 显影

将显影液全部喷在光刻胶上,或将曝光后的样片浸在显影液中几十秒,负性光刻胶的未曝光部分被溶解,这样掩膜上的集成电路图就被复制到光刻胶上了。因为光刻胶表面沾有显影液,所以显影后要用清水冲洗。

6. 后烘

为使残留在光刻胶中的有机溶剂完全挥发,提高光刻胶和基片的黏附力及光刻胶的耐腐能力,通常需在 120～200 ℃ 的温度下烘干 20～30 min。

7. 腐蚀

经上述工序后,以复制到光刻胶上的集成电路图形作为掩膜,对下层材料进行腐蚀,则集成电路的图形就复制到下层材料上了。通常采用湿法腐蚀,对铝膜采用的腐蚀液为纯 H_3PO_4,操作过程是用水浴将 H_3PO_4 加热至 60～70 ℃,将铝膜放在超声槽中,开动超声波发生器,进行超声腐蚀。在腐蚀过程中,不断地把铝膜从超声槽中取出,放入无水乙醇中除去气泡。

8. 光刻胶的去除

经腐蚀完成图形复制以后,用剥离液去除光刻胶,完成整个光刻工艺。

六、实验注意事项

(1)浮胶。这是光刻工艺中常出现的一种不良现象,是刻蚀影响较为严重的一种光刻弊病。产生浮胶的主要原因如下。

1)甩胶前硅片表面处理不当;

2)前烘时间不足或过度;

3)曝光不足,光硬化反应不彻底;

4)显影时间过长。

(2)小岛。经过腐蚀之后,有时会在被腐蚀区窗口内留有未腐蚀尽的小岛。它们形状不规则,尺寸比针孔大些。这些小岛的存在同时也影响半导体器件的成品率,例如氧化层小岛的存在,阻碍杂质正常扩散,因此在这些位置上会形成异常区,使器件特性不正常。在进行光刻铝布线及多晶硅栅时,小岛的存在易使样品上产生铝条或多晶硅条之间互连,影响成品率。因此必须找出原因并加以克服。产生小岛的一般原因如下。

1)掩膜板质量不好。遮光区上有针孔或损伤,只有负性胶在这些地方被曝光,显影后留下小岛;在透光区上有小岛的掩模板也会使正性胶光刻显影后产生小岛。对于这种情况,首先要选择高质量的掩模板,然后去胶,重新光刻。对于腐蚀过的硅片,重新光刻不易保证质量,这是因为套刻时有套准精度问题。

2) 显影不彻底,在光刻窗口内留下底膜,容易使氧化层等腐蚀不彻底,残留下氧化层小岛。对于这种情况,首先要加强显影后的检查,若发现小岛,则去胶后重新光刻。若已出现这种情况,则在胶膜抗蚀能力允许下,可适当增长腐蚀时间,以使小岛变小。

3) 腐蚀液不纯(如沾有灰尘等),在不采用超声腐蚀时也会因表面吸附尘埃而形成小岛。因此需注意腐蚀液的清洁,定期更换新的腐蚀液,或采用超声腐蚀可以减少上述原因产生的小岛。而在铝膜层腐蚀时,若不用超声腐蚀或喷雾腐蚀,腐蚀过程中产生的气泡不及时排出,则会阻碍铝膜层继续腐蚀,易产生小岛。因此,腐蚀铝膜层时必须及时排出气泡。

(3) 毛刺及钻蚀。腐蚀时,如果腐蚀液渗透至光刻胶膜的边缘,指示图形局部被腐蚀,就会影响光刻图形的完整性。如果腐蚀液渗透的严重程度不同,图形边缘局部被腐蚀的情况也就不一样了,从而使得图形边缘出现毛刺,这种显现被称为钻蚀。

(4) 注意环境。由于光刻通常是在超净间里进行的,所以必须保持房间的洁净。

七、思考题

(1) 光刻的基本原理是什么?

(2) 经过腐蚀后,产生小岛的原因是什么?其会造成什么样的影响?

(3) 阐述光刻工艺中,可能导致产生浮胶现象的原因及避免这种不良现象的方法。

第二篇 结构性能的测试

在现代科学研究中,对材料结构的表征是了解和开发新材料不可或缺的一环。它涉及使用各种分析技术来揭示材料的微观结构、成分以及它们如何影响材料的宏观性能。这一过程对优化材料的性能、开发新功能材料以及推进材料科学的理论研究具有至关重要的作用。本篇内容包括5个典型实验,对材料物理专业的学生而言,掌握材料结构性能表征的知识和技能是他们专业学习的核心内容之一。通过学习如何表征材料的结构和性能,学生不仅可以更深入地理解材料科学的基本原理,还可以学会如何应用这些原理来解决实际问题。此外,这一学习过程还将培养学生的实验设计能力、数据分析能力和批判性思维能力,这些都是未来科研或工作中极为重要的技能。

实验九 氧化物粉末的 X 射线衍射分析

一、实验目的

(1) 了解 X 射线衍射仪(XRD)的原理。
(2) 了解锰氧化物的晶体结构。

二、实验原理

用高能电子束轰击金属"靶材"可以产生 X 射线,它具有与靶材中元素相对应的特定波长,称为特征(或标识)X 射线,例如铜靶材对应的 X 射线波长约为 1.540 6 Å(1 Å = 10^{-10} m)。考虑到 X 射线的波长和晶体内部原子面间的距离相近,1912 年,德国物理学家劳厄(M. von Laue)提出一个重要的科学预见:晶体可以作为 X 射线的空间衍射光栅,即当一束 X 射线通过晶体时将发生衍射,衍射波叠加的结果使射线的强度在某些方向上加强,而在其他方向上减弱。1913 年,英国物理学家布拉格父子(W. H. Bragg, W. L. Bragg)在劳厄发现的基础上,不仅成功地测定了 NaCl、KCl 等晶体的结构,还提出了作为晶体衍射基础的著名公式——布拉格方程

$$2d\sin\theta = n\lambda \tag{9-1}$$

式中:λ 为 X 射线的波长;n 为任何正整数。当 X 射线以掠射角 θ(入射角的余角)入射到某一点阵晶格间距为 d 的晶面上时(见图 9-1),在符合式(9-1)的条件下,将在反射方向上得到因叠加而加强的衍射线。布拉格方程简洁、直观地表达了晶体衍射所必须满足的条件。当 X 射线波长 λ 已知时(选用固定波长的特征 X 射线),采用细粉末或细粒多晶体的线状样品,X 射线可从一堆任意取向的晶体中,从每一个 θ 角符合布拉格方程条件的反射面得到反射,测出 θ 角后,利用布拉格方程即可确定点阵晶面间距、晶胞大小和类型。此外,根据衍射线的强度还可进一步确定晶胞内原子的排布,这便是 X 射线结构分析中的粉末法或德拜-谢乐(Debye-Scherrer)法的理论

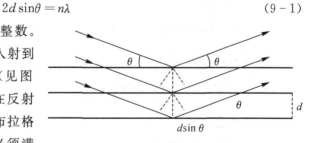

图 9-1 晶体衍射示意图

基础。

三、实验任务

用 X 射线衍射仪对制备的锰氧化物粉末进行测试分析,确定其晶体结构类型,并计算晶格常数。

四、实验仪器和设备

X 射线衍射仪。

五、实验内容和步骤

1. 制备粉末样品

用药勺取 1 g 粉末放入玻璃样品架样品槽内,用毛玻璃轻压粉末,使之充满槽内,轻轻刮去多余的粉末,最后压平、压实样品粉末,使样品表面与玻璃架表面在同一平面内。

2. 开启冷却水,开启 XRD 电源

3. 启动计算机

在 XRD 稳定约 2 min 后,进入系统;将被测样品放置在测试架上。

4. 进行实验条件设定及对样品取名

开始 XRD 测试,直至结束。

5. 数据处理

得到 2θ、d、半峰宽、强度等数据。

6. 退出系统

关闭 XRD 电源

7. 关闭冷却水

冷却水应在继续工作 20 min 后方可关闭。

六、实验注意事项

开、关机要严格按照顺序进行。

七、思考题

(1) X 射线衍射的基本原理是什么?
(2) 根据布拉格公式说明 XRD 曲线的半峰宽和样品结晶度的关系。
(3) 测量出的 XRD 峰发生整体偏移的原因有哪些?

实验十 金属样品的扫描电子显微镜分析

一、实验目的

(1)了解扫描电子显微镜的原理。
(2)掌握用扫描电子显微镜分析金属样品的方法。

二、实验原理

扫描电子显微镜(Scanning Electron Microscope,SEM)的结构如图10-1所示。

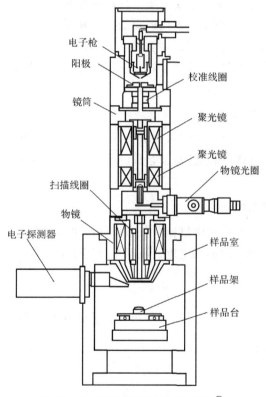

图 10-1 扫描电子显微镜的结构①

---

① 图片来源:Zhou, Weilie. "Fundamentals of Scanning Electron Microscopy (SEM)." Scanning Microscopy for Nanotechnology. Springer, New York, NY, 2007. https://doi.org/10.1007/978-0-387-39620-0_1

从电子枪阴极发出直径为 20～30 nm 的电子束,在受到阴、阳极之间加速电压的作用后射向镜筒,经过聚光镜及物镜的会聚作用,缩小成直径约几微米的电子探针。在物镜上部的扫描线圈的作用下,电子探针在样品表面作光栅状扫描并且激发出多种电子信号。这些电子信号被相应的检测器检测,经过放大、转换成电压信号,最后被送到显像管的栅极上并且调制显像管的亮度。显像管中的电子束在荧光屏上也做光栅状扫描,而且这种扫描运动与样品表面的电子束的扫描运动严格同步,这样即可获得衬度与所接收信号强度相对应的扫描电子图像。该图像反映了样品表面的形貌特征。扫描电子显微镜的主要组件如下。

1. 镜筒

镜筒包括电子枪、聚光镜、物镜及扫描系统。其作用是产生很细的电子束(直径约几纳米),并且使该电子束在样品表面扫描,同时激发出各种信号。

2. 电子信号的收集与处理系统

在样品室中,扫描电子束与样品发生相互作用后会产生多种电子信号,其中包括二次电子、背散射电子、X 射线、吸收电子、俄歇电子等。在上述信号中,最主要的是二次电子的信号。二次电子是被入射电子所激发出来的样品原子中的外层电子,产生于样品表面以下几纳米至几十纳米的区域,其产生率主要取决于样品的形貌和成分。通常所说的扫描电镜像指的就是二次电子像,它是研究样品表面形貌的最有用的电子信号。检测二次电子的检测器探头是一个闪烁体,当电子打到闪烁体上时,会在其中产生光,这种光被光导管传送到光电倍增管中,光信号即被转变成电流信号,电流信号再经前置放大及视频放大,电流信号转变成电压信号,最后被送到显像管的栅极上。

3. 电子信号的显示与记录系统

扫描电子显微镜的图像显示在阴极射线管(显像管)上,并由照相机拍照记录。显像管有两个:一个用来观察,分辨率较低,是长余辉的管子;另一个用来照相记录,分辨率较高,是短余辉的管子。

4. 真空系统及电源系统

扫描电子显微镜的真空系统由机械泵与油扩散泵组成,其作用是使镜筒内达到 10^{-4}～10^{-5} torr(1 torr＝133.322 Pa)的真空度。电源系统用于供给各部件所需的特定电源。

三、实验任务

掌握扫描电子显微镜的使用方法,利用扫描电子显微镜分析金属样品的表面形貌。

四、实验仪器和设备

扫描电子显微镜。

五、实验内容和步骤

(1)首先检查循环水系统,检查不间断电源。
(2)打开扫描电子显微镜电脑,启动软件。

(3) 开高压:样品室抽真空到达 5×10^{-5} mBar(1 mBar＝100 Pa)以上,可以开高压,观察图像。

(4) 消像散:按住左"Shift"键,按住鼠标右键移动,消除像散。

(5) 拍照:按"F2"键,电镜开始单次扫描。扫描结束,过数秒,冻结键(雪花图形)自动激活(变黄色)。这时可用"InOut"菜单中的"Image"选项保存图像。

(6) 拷贝图像:须用新光盘或未开封的新软盘拷贝。

(7) 关高压。

(8) 关机:放气后,取出样品后,重新抽真空,然后关"Microscope Control",再关 WINDOWS。

六、实验注意事项

(1) 同一次装入电镜的样品,高度差不要超过 1.5 mm(包括同一块样品的表面高度)。

(2) 对镶嵌块、断面样品等高度较大的样品,不要对样品台平面聚焦,而要对样品上表面聚焦。

七、思考题

(1) 简述扫描电子显微镜观察表面形貌的基本原理。

(2) 简述二次电子和 X 射线在扫描电子显微镜中的作用。

(3) 对陶瓷等非导电体样品需进行怎样的处理才能用扫描电子显微镜进行形貌观察?

实验十一　材料的维氏硬度测试

一、实验任务

(1) 了解硬度的含义及主要的硬度表征的原理和测定方法。

(2) 掌握数字式维氏硬度计的基本操作。

二、实验原理

维氏硬度试验基本原理是将一个相对面夹角为 136°的正四棱锥体金刚石压头以选定的试验力施加到被测材料表面,如图 11-1 所示,经保持规定时间后(试验力保持时间为 10~15 s),卸除试验力,用读数显微镜测量压痕两对角线长度 d_1 和 d_2,取其算术平均值,查表或代入公式计算出被测材料的维氏硬度值。

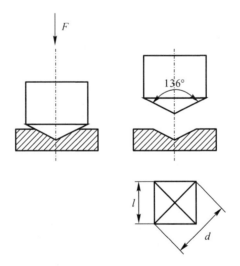

图 11-1　维氏硬度试验基本原理图

维氏硬度用 HV 表示,则维氏硬度的计算公式为

$$\mathrm{HV} = 0.102 \frac{F}{S} = 0.102 \frac{2F\sin\frac{\theta}{2}}{d^2} = 0.1891 \frac{F}{d^2} \tag{11-1}$$

$$d = \frac{d_1 + d_2}{2} \qquad (11-2)$$

式中:HV 为维氏硬度值(N/mm²);F 为试验力(N);S 为压痕锥形表面积(mm²);d 为压痕对角线平均长度(mm);θ 为压头两相对面夹角(136°)。

维氏硬度试验的试验力向小的方向延伸,就出现了小负荷维氏和显微维氏硬度试验。通常将维氏硬度按试验力大小分为以下三种:

维氏:$F \geqslant 49.03$ N   (HV 在 5 以上)
小负荷维氏:$1.961 \text{ N} \leqslant F < 49.03 \text{ N}$ (HV 为 0.2~3)
显微维氏:$F < 1.961$ N   (HV 在 0.2 以下)

三、实验任务

测定刚玉的维氏硬度。

四、实验仪器和设备

数字式维氏硬度计。

五、实验内容和步骤

(1)打开插板电源,启动电脑并打开软件,启动硬度计,将样品置于操作台上。

(2)选定电脑遥控硬度计。选择合适的力,在软件中输入参数、标识等内容。

(3)调整样品高低位置,在低倍物镜下找到焦距表面,转动转塔切换高倍物镜,微调高低位置,找到样品焦距面。

(4)点击"F"按键,等待硬度计完成整个过程,得到压痕。

(5)测量:微调焦距,使得压痕清晰;点击图像态,得到两根测量平行距离 d_1 的红线,鼠标左键移动左边红线,右键移动右边红线,得到 d_1;点击"继续测量",得到两根测量垂直距离 d_2 的红线,鼠标左键移动上边红线,鼠标右键移动下边红线,得到 d_2;测量结束,自动计算出硬度结果。

(6)调整左右前后位置,重复测量硬度,得到一组数据。点击显示报告,得到实验数据(Excel 数据),另存(否则会被新的数据覆盖)。

(7)测量结束,依次关闭软件、硬度计、电脑和电源。给硬度计套上防尘罩。

六、实验注意事项

(1)不得拔下电脑主机后面的 U 盘。

(2)只有在得到清晰焦距表面或者样品距离转塔位置足够远的情况下,才可以转动转塔,防止样品碰撞压头,对压头造成损伤。

(3)实验进行过程中,保持仪器所在桌面的稳定性,不得对桌面施加任何力。

(4)如果发现压痕互相垂直的两条白线没有在合适的测量位置,可轻微调整摄像头位置。

七、思考题

(1)若压痕不是理想的菱形,该如何处理?
(2)若待测样品表面相对粗糙,可以直接测量吗?
(3)除了维氏硬度,还有哪些衡量硬度的标准?

实验十二　界面表面张力的测量

一、实验目的

(1) 掌握界面张力仪测量液体表面张力的原理和方法。
(2) 掌握正确使用界面张力仪的方法。

二、实验原理

液体表面最基本的特性是倾向于收缩,因此作用于液体表面、使液体表面积缩小的力,称为液体表面张力。这表现为小液滴趋于球形,如常见的水银珠和荷叶上的水珠那样。从液膜自动收缩实验可以更好地认识这一现象。液体的表面张力是表征液体性质的一个重要参数,测量液体的表面张力系数有多种方法,如 Wilhelmy 盘法、脱环法、悬滴法、滴体积法、最大气泡压力法、震荡射流法、毛细管波法等。将玻璃丝或细金属丝可以弯成一个边框能够活动的方框,如图 12-1 所示,使液体在此框上形成液膜 abcd,其中,cd 为活动边,长度为 l。活动边与框架之间的摩擦应很小,cd 边才能自动移向 ab 边。这说明

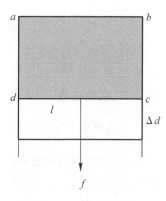

图 12-1　方框示意图

液体表面存在收缩力。实验表明,当活动边与框间的摩擦力可以忽略不计时,为保持液膜所施加的外力 f 与活动边的长度 l 成正比,可以表示为

$$f = 2\gamma l \tag{12-1}$$

式中:γ 代表液体的表面张力系数,是垂直通过液体表面上任一单位长度、与液面相切的表面收缩力。式(12-1)中有系数 2,是因为液膜有两个表面。表面张力是液体的基本物理化学性质之一,一定成分的液体在一定的温度、压力下有一定的表面张力值,通常以毫牛每米(mN/m)为单位。脱环法测量表面张力的原理是通过将水平的接触液面的圆环拉离液面过程中所施加最大力来推算液面表面张力,本实验将重点介绍该方法。长期以来,利用该原理最多的是扭力天平。

水平接触水面的圆环(通常用铂环)被提拉时将带起一些液体,形成液柱,如图 12-2(a)所示。环对天平所施之力由两部分组成:环本身的重力 mg 和带起液体的重力 P。P 随提起高度的增加而增加,但有一极限,超过此极限值,环会与液面脱开。此极限值取决于液体的表面张力和环的尺寸,这是因为外力提起液柱是通过表面张力实现的。因此,最大液柱

重力 mg 应与环受到的液体表面张力的垂直分量相等。设拉起的液柱为圆筒形,则

$$P = mg = 2\pi R\gamma + 2\pi(R + 2r)\gamma = 4\pi(R + r)\gamma \qquad (12-2)$$

式中:R 为环的内半径;r 为环丝的半径;π 为圆周率。但实际上拉起的液柱并不是圆筒形的[见图 12-2(b)],而通常是如图 12-2(c)所示的那样偏离圆筒形的。因此式(12-2)被校正为

$$\gamma = \frac{F(P - mg)}{4\pi(R + r)} \qquad (12-3)$$

式中:F 为校正因子。

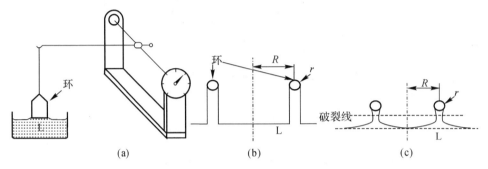

图 12-2 脱环法示意图

三、实验任务

用脱环法测定室温下纯水和酒精的表面张力系数 γ。

四、实验仪器和设备

界面张力仪、铂金环、培养皿、镊子等。

五、实验内容和步骤

(1)在测量前使用清洗剂对铂金环和玻璃杯进行清洗,彻底去掉油污,再用蒸馏水冲洗干净。

(2)观察横梁上的水平泡,调节螺母 E,使仪器处于水平状态。

(3)先把铂金环放在吊杆臂的下末端,再把一块小纸片放在铂金环的圆环上,然后把臂的制止器 J 和 K 打开,最后把放大镜调好使臂上的指针 L 与反射镜上的红线重合。如果刻度盘上的游标正好指示为零,就可以进行下一步;如果不指零,可以旋转微调蜗轮把手 P 进行调整。

(4)用质量法校正。质量法的原理是在铂金环圆环上放一定质量的砝码,当指针与红线重合时,游标指示正好与计算值一致。若不一致,则可调整臂 F 和 G 的长度,臂的长度可以用两臂上的两个手母来调整,调整时,这两个手母必须是等值的旋转,目的是使臂保持相同的比例,从而保证铂金环在实验中垂直地上下移动,再通过游码 O 的前后移动达到调整效果。具体方法是将 0.000 800 kg 的标准砝码(实验室给出)放在铂金环上,旋转蜗轮把手,

直到指针 L 与反射镜的红线精确重合,记下刻度盘上的读数(精确到 0.1 分度)。

若用 0.000 8 kg 的砝码,则刻度盘上的读数的计算公式为 $\frac{mg}{2L}$(mN/m),即读数大小为 $\frac{0.000\ 8 \times 9.801\ 7 \times 10^3}{2 \times 0.06} = 65.3$(mN/m),式中,$m$ 为砝码重量,L 为铂金环周长,g 为本地重力加速度。

(5)表面张力的测量。将铂金环插在吊杆臂上,把被测溶液(水和酒精)倒在玻璃杯中,约 20~25 mm,将此玻璃杯放在样品座的中间位置上,旋转螺母 B,使铂金环与其座一起上升到溶液的表面上,且使臂上的指针与反射镜上的红线重合,旋转蜗轮把手 M 来增加钢丝的扭力。当溶液表面被铂金环拉得很紧时,指针 L 始终保持与红线相重合,这两个作用将持续着,直到薄膜破裂时,刻度盘上的读数指出了溶液的表面张力值(具体操作见说明书)。

(6)表面张力的校正。表面张力是液体为一个紧张薄膜时的表面效应,表面张力与表面是相切的,测量表面张力时需要考虑到以下两种情况。

1)在测量过程中,环被向上拉起,使液体表面变形,随着环向上移动距离的增加,液体的变形也增加,因此由中心到破裂点的半径小于环的平均半径,这种影响由环的半径和铂金丝的半径之比给出。

2)少量的液体黏附在环下部,这种影响可以以一种函数形式表示。从以上两种影响来看,实际的表面张力 T 就应由测得表面张力值 M 乘以一个系数 δ,即
$$T = M \cdot \delta$$
式中:M 为膜破裂时刻度盘读数(mN/m);δ 为系数。
$$\delta = 0.725\ 0 + \sqrt{\frac{0.036\ 78M}{r_r^2(P_0 - P_1)} + P}$$
式中:$P = 0.453\ 4 - 1.679\ \frac{r_w}{r_r}$,$r_w$ 为铂丝的半径 0.3 mm,r_r 为铂丝环的平均半径 9.55 mm。P_0 为上相在 25 ℃时的密度(g/mL);P_1 为下相在 25 ℃时的密度(g/mL)。

(7)界面张力的测量。在测量水与密度小于水的液体间的界面张力时,铂金环向上移动;而在测量水与密度大于水的液体间的界面张力时,铂金环向下移动。在测量水与密度比水小的液体之间的界面张力时,先把实验座升高到铂金环浸入水中约 5~7 mm 处,把被测液体小心地加在水的表面上 5~10 mm 的高度,旋转螺母 B,玻璃杯将被调到使铂金环处于两种液体的界面处,此后便按照表面张力的测量方法进行。在测量水和密度比水大的液体间的界面张力时,要求铂金环作用力向下,把密度比水大的液体放入杯子中,使其高度达到 10 mm 或更深,在此液体上放入约 5 mm 深度的水,使溶液上升直到环浸入水中。当环处在液体的界面上时,指针 L 保持与红线重合,钢丝的扭力将增加,铂金环将被向下拉,这时把样品座升高,使得指针 L 继续与红线重合,当这两种液体之间的薄膜破裂时,刻度盘上的读数便是被测液体的界面张力 M。

(8)把实验结果与理论值做比较,求出相对百分误差,并分析误差来源,给出合理建议。

六、实验注意事项

(1)界面张力仪属于精密仪器,操作时要小心,以免损坏。

(2)仪器使用完毕后,铂金环取下清洗,以便下次再用。
(3)扭力丝应处于不受力状态,扭力丝的扭转角度不要超过360°。
(4)杠杆臂应用偏心轴和夹板固定好,前端用压板固定在蜗轮轴上,后端用手母锁紧。

七、思考题

(1)脱环法测表面张力的原理是什么?
(2)还有哪些方法可以用来测量表面张力?
(3)导致实验上测出的界面张力和理论值产生差异的来源可能有哪些?

实验十三　材料膨胀率的测定

一、实验目的

(1) 了解和掌握测定热膨胀系数的基本原理。
(2) 掌握 PCY 型高温卧式膨胀仪的基本操作。

二、实验原理

高温卧式膨胀仪由加载传感器装置、电阻炉、基座和电器控制箱四部分组成，图 13-1 所示为 Netzsch DIL402C 高温膨胀仪结构示意图。

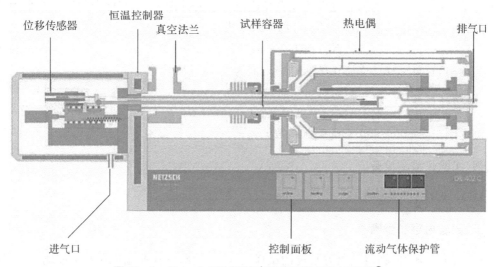

图 13-1　Netzsch DIL402C 高温膨胀仪结构示意图[①]

加载传感装置中的测试杆一端顶着试样，一端连着数字千分表；试样的另一端顶在固定的试样管挡板上。因为试样在一端的自由度被限制了，所以试样的膨胀将引起数字千分表位移。另外，设有加载装置，加载值由弹簧确定。试样装在试样管中固定不动，进出炉膛可以靠移动炉膛来实现，这样可以避免试样受到振动。电炉膛装在小车上，小车可在基座导轨上移动。

---

① 参考 http://netzsch.com.au/wp-content/uploads/pdf/DIL_E_0114.pdf

电炉升温后炉膛内的试样发生膨胀,顶在试样端部的测试杆会产生与之等量的膨胀量(如果不计系统的热形变量的话),这一膨胀量可以由数字千分表精确测量出来。

为消除系统热形变量对测试结果的影响,在计算中需要加上相应的补偿值,这才是试样的真实膨胀值,补偿值由电脑自动标定。膨胀系数的计算方法:试样升温达到测试温度后,根据记录结果,按下式可以计算出试样加热至 t ℃时的线膨胀百分率和平均线膨胀系数。

线膨胀百分率计算公式为

$$\delta = \frac{\Delta L_t - K_t}{L} \times 100\% \tag{13-1}$$

平均线膨胀系数计算公式为

$$\alpha = \frac{\Delta L_t - K_t}{L(t - t_0)} \tag{13-2}$$

式(13-1)和式(13-2)中:L 是试样在室温时的长度(mm);ΔL_t 是试样加热至 t ℃时测得的线变量值(mm)(仪表显示值),ΔL_t 数值的正负表示试样的膨胀与负膨胀(收缩);K_t 是测试系统 t ℃时的补偿值(mm);t 是试样加热温度(℃);t_0 是试样加热前的室温(℃)。

仪器的补偿值需要自己预先测定和计算。求补偿值 K_t 的方法:1 000 ℃以下用石英杆,进行升温测试,仪表中数值包含了标样、试样管及测试杆的综合膨胀值。而补偿值 K_t 只是试样管及测试杆在相应温度下的综合膨胀值,因此应该将标样在相应温度下的膨胀值从膨胀量中扣除,剩下的膨胀量即为仪器相应温度下的补偿 K_t。当标样的膨胀系数为已知时(即已知 $\alpha_{标}$、$L_{t标}$、$L_{标}$、t、t_0),K_t 可用下式求出:

$$K_t = \Delta L_{t标} - \alpha_{标} \cdot L_{标} \cdot (t - t_0) \tag{13-3}$$

实验中,石英标样的膨胀系数取样平均值为 0.55×10^{-5}/℃。

三、实验任务

测定刚玉在 300～800 ℃的膨胀系数。

四、实验仪器和设备

PCY型高温卧式膨胀仪。

五、实验内容和步骤

(1)打开电源开关,将已量好长度的试样放入试样管,试样前端顶在石英前端,测试杆顶着试样另一端,并调节好试样平直度。当位移表读数在 1 000～2 000(低量程为 -100～200)范围内,可直接进行测试。否则要松开传感器的固定螺丝,前后慢慢移动传感器,使位移表读数在 1 000～2 000(低量程为 -100～200),然后将传感器的固定螺丝拧紧。最后将密封罩盖上,坚固螺丝,给试样通入保护气体(或抽真空)。

(2)移动电阻炉,使试样处于炉膛中部,移动电阻炉时一定要缓慢,以防损坏炉膛和试样管。

(3)打开电脑,双击"材料膨胀系数测试系统",进入通信设置界面,串行口设置为1,电脑显示温度地址"0055",位移地址"0022",点击"测试"检查温度和位移显示与仪表是否一致。如相同,点击"确定"进入主界面。

（4）参照说明在试验主界面设置温控表参数和温度设置以及各段功率设置。

（5）热膨胀系数测试。在操作主界面点击"热膨胀系数",进入常规热膨胀系数测试界面,输入试样长度,输入设定温度值（40 ℃～设定温度）,温度打印间隔（10 ℃）,在坐标栏中输入温度、线变量、线膨胀系数和膨胀百分率坐标值。注意：上述坐标值是估计值,可偏大,当试验结束后点击"重绘曲线"可以再修改。点击"绘制坐标轴",电脑显示坐标图,然后点击"试验开始",电炉开始自动升温;电脑自动显示各温度下的测试数据,到达设定温度后,先点击"试验结束",然后点击"重绘曲线"（注意：试验结束后,必须点击"重绘曲线",否则数据不能更新）。这时,如果曲线形状不理想,可在修改坐标栏中的参数值后,再点击"重绘曲线",当测出理想曲线形状后,再点击"输出 Excel"进入 Excel 界面,即可保存,打印数据和曲线。

（6）系统补偿值测定。用石英试样（膨胀系数值为 0.55）;先量好标样长度,按前面的实验方法放好标样。当位移表读数在 1 000～2 000（低量程为－100～200）,可直接进行测试。否则要松开传感器的固定螺丝,前后慢慢移动传感器,使位移表显示数在 1 000～2 000（低量程为－100～200）,然后将传感器的固定螺丝拧紧。室温下将炉膛推入,在设置好升温参数后,在操作主界面点击"系统补偿值",进入系统补偿值标定界面,输入标样长度,在坐标栏输入温度、线变量（－100～100）的坐标值,点击"绘制坐标轴",然后点击"试验开始",电炉开始自动升温;电脑自动显示各温度下的测试数据,到达设定温度后,点击"试验结束",再点击"结果分析",电脑自动进入系统补偿值计算。点击"数据处理""数据保存",再点击"返回"。在测试界面,点击"查看补偿值",将 0～30 ℃的补偿值人工修改为 0 即可。系统补偿值标定好后,不必再次标定。

六、实验注意事项

（1）被测试样和石英、测试杆三者应平直相接,以消除摩擦和偏斜影响造成的误差。
（2）升温速率不宜过快,维持整个测试过程均匀升温。
（3）测试过程中不要触动仪器,也不要振动试验台桌。

七、思考题

（1）列举几种不同材料的线膨胀系数,并解释为什么不同材料具有不同的线膨胀特性？
（2）温度变化、材料的纯度、试样的形状和尺寸等如何影响测量结果？
（3）讨论线膨胀系数测量中可能出现的误差,以及如何改进测量方法以提高准确性。

第三篇 光学性能的测试

　　光学测试方法在现代科学研究中占据了极其重要的位置,因为它们提供了一种非侵入式、高灵敏度和高分辨率的手段来研究材料的性质和性能。这些方法可以用来研究材料的折射率、吸收系数、发光特性以及光谱行为等,从而揭示材料的电子结构、分子组成、晶体结构和形貌特征等信息。光学测试在理解材料响应光的行为及其与光相互作用的机制中起着关键的作用,对发展新型光电材料、改进光学器件性能及推动光学技术的应用具有重大意义。本篇内容包括4个典型实验,对材料物理专业的学生而言,掌握光学测试方法不仅能够加深他们对材料物理学基础概念的理解,还能提高他们实验操作的技巧和解决实际问题的能力。通过学习如何利用光学手段来分析和表征材料,学生可以拓展他们的实验技能,增强解读实验数据和结果的能力,为将来从事科研或工业领域的工作打下坚实的基础。

实验十四　金相组织的光学显微镜分析

一、实验目的

(1)了解晶粒、晶界等金相显微结构。

(2)掌握光学金相显微镜的使用原理和方法及试样的制备过程和方法。

二、实验原理

金相显微镜通常由光学系统、照明系统、机械系统和摄影装置四大部分组成,仪器的光学成像原理如图14-1所示。灯源的灯丝经集光镜与反光镜成像在孔径光阑上,接着经由照明辅助透镜5、7,辅助物镜9成像在物镜的后焦面附近;然后经物镜以平行光束照明试样,视场光阑位于照明辅助透镜7的焦面上,经辅助物镜9和物镜成像在试样面上;试样的反射光经物镜10和辅助物镜9以平行光束射向半透反光镜,后由辅助物镜12、棱镜、双筒棱镜组,成像在目镜的前焦面上,最后以平行光束射向人的眼睛供观察。

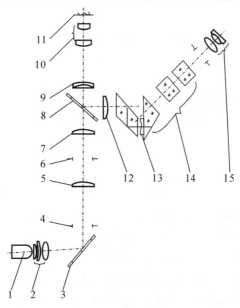

1—灯源;2—集光镜;3—反光镜;4—孔径光阑;5,7—照明辅助透镜;6—视场光阑;8—半透反光镜;
9,12—辅助物镜;10—物镜;11—试样;13—棱镜;14—双筒棱镜组;15—目镜

图 14-1　光学成像原理①

---

① 参考 https://www.sipmv.com/blog/2920/

显微成像的原理如图14-2所示,光线从微小的物体 AB 射入物镜 O 后,在 A′B′处形成放大且倒立的实像 A′B′。由于 A′B′位于目镜的前焦点以外,所以 A′B′经目镜后在成影屏 A″B″处形成一个进一步放大的实像 A″B″。将物像 A″B″聚焦清晰,换上底片即可进行拍摄。

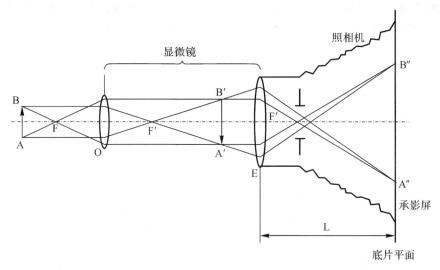

图 14-2　显微成像的原理

三、实验任务

制备金属试样,观察金相组织,得到金相的结构照片。

四、实验仪器和设备

金相切割机、镶嵌机、研磨抛光机、金相显微镜、照相机等。

五、实验内容和步骤

1. 样品的制备

(1)镶嵌。取一块在实验三制备的 Fe-Cu 或 Co-Cu 母合金,把试样镶嵌在低熔点合金或塑料(如胶木粉、聚乙烯及聚合树脂、牙托粉与牙托水的混合物)里。由于试样尺寸小,直接用手磨制困难,因此需要试样夹或是镶嵌机。

(2)磨制。试样的磨制一般分为粗磨和细磨两道工序,粗磨目的是获得一个平整的平面,通常在砂轮机上磨制;细磨目的是消除这些磨痕,得到平整且光滑的磨面,为抛光做准备。细磨在一套粗细程度不同金相砂纸上,由粗到细依次进行。细磨时,将砂纸放在玻璃板上,手指紧握试样,并使磨面朝下,均匀用力向前推进。在回程时,应提起试样不与砂纸接触,以保证磨面平整而不产生弧度。每更换一号砂纸时,需将试样的研磨方向调转90°,即与上一道磨痕的方向垂直。

(3)抛光。细磨后,试样还需要进一步抛光。抛光目的是去除细磨时留下的细微磨痕而获得光亮的镜面。金相抛光方法一般分为机械抛光、电解抛光和化学抛光三种,这里只简要介绍机械抛光。机械抛光是在专用的机械抛光机上进行的,该抛光机主要由电动机和抛光圆盘组成,抛光圆盘转速为 300~500 r/min,抛光盘上铺以呢绒。抛光时,不断地在试样表面涂上金刚石研磨膏或者在抛光盘上不断滴入抛光液,抛光液通常是由 Al_2O_3、MgO 或者 Cr_2O_3 等细粉末和水混合而成的悬浮液。操作时,将试样磨面均匀地压在旋转的抛光盘上,并沿盘的边缘到中心不断做径向往复运动,直到试样表面看不出任何磨痕而呈现光亮的镜面。

(4)腐蚀表面。经抛光后的试样若直接在显微镜下观察,只能看到一片亮光,除了某些非金属夹杂物,无法辨别出各种组成物及形态特征。必须用浸蚀剂对试样表面进行"浸蚀"才能清楚地显示显微组织的真实情况。常用的浸蚀方法是化学浸蚀法,其主要原理是利用对试样表面的化学溶解作用或电化学作用来显示组织。具体操作方法是将试样磨面浸入浸蚀剂中,或用棉花沾上浸蚀剂擦拭磨面,浸蚀时间要适中,一般试样磨面发暗时可停止浸蚀,若浸蚀不足,则可重复浸蚀。浸蚀完毕后,立即用水冲洗,接着用酒精冲洗,最后用吹风机吹干。对于 Co-Cu 或者 Fe-Cu 合金,可以使用氨水-双氧水溶液擦拭来腐蚀,进而显示铜的组织。

2.金相显微观察

将 ZA-4 型金相显微镜接通电源(见图 14-3),将试样放置载物台上,然后调整粗调手轮及细调手轮进行调焦,直到观察的像清晰为止。

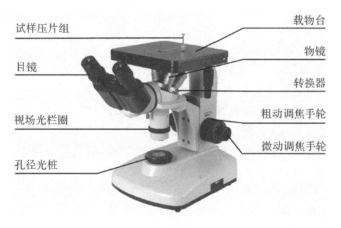

图 14-3 金相显微镜外观

3.电荷耦合元件(CCD)接受图像或干板照相、洗像

(1)照像。首先将试样放入光程内,光线从试样反射回来经物镜至照明棱镜,再经照像目镜射至承荧屏上,得到一个放大的映像。通过调焦旋转使样品组织成像清晰后,将装有底片的暗盒插入暗盒支架,拉出暗盒拉盖即可照像。

(2)洗像。

1)显影。显影是像的放大和显示的过程。把感光后的底片放到显影液中,受到光照而被还原的银粒子将是显影中心。它将逐渐扩大而使整个晶粒被还原。光照越强的部位被还原的晶粒越多,因而很快变成黑色,而未受光照的部分则保持原乳胶的色泽(在经定影后呈透明)。显影时要掌握好显影液的浓度、温度和显影的时间,避免因浓度过大、温度过高或显影时间过长导致底片全部变黑。常用的显影液是中性显影液(D-72),其显影时间为 4～6 min。

2)停显。充分显影后,将底片从显影液中取出,但底片上附着的显影液还会起作用,因此必须停显。停显液一般用弱酸性水溶液,例如醋酸水溶液,它和碱性显影液中和,使显影停止。停显后需要用清水冲洗,以免显影液和停显液混入定影液中,在要求稍低的场合,亦可不用停显液。用清水冲洗也能停显,但过程较缓慢。停显液通常是由浓度为 28% 醋酸溶液 48 mL 加水至 1 000 mL 混合而成的,底片停显 5 s,相纸停显 10 s。

3)定影。定影的作用是把感光片中未感光的溴化银乳胶全部溶掉,而把已被还原的金属银微粒固定下来。常用的定影液是酸性坚膜定影液 F-5,定影温度为 18～20 ℃,底片定影时长 15～20 min,相纸定影时长 8～10 min。

4)冲洗晾干。定影好的底片要用清水洗去残留的定影液和其他杂质,确保底片十分干净。在流动的水中冲洗 30 min,然后挂在通风隔尘处晾干,至此底片的冲洗工作完成。

5)印相。在实验中常用到的底片是一张黑白色调与实际组织相反的负像,金相照片均采用大光纸,有助于鉴别组织细节。印相通常在暗室红灯下操作。首先将相纸的乳剂面和负片面相对叠放,并以负片在下置于曝光箱的毛玻璃上进行曝光。曝光后的相纸经显影→水洗→定影→烘干(上光)→正片,最终获得相片。操作要点与负片相同,但最终水洗时间要长些。

六、实验注意事项

(1)在抛光时,应谨慎、注意安全。
(2)取放底片、相纸时,手上必须干净,不能带水和药液。
(3)取放感光材料时,不用的必须包好,以免外漏走光。
(4)进暗室前先敲门,经允许后方可进入。
(5)爱护镜头,严禁手摸照相机及放大镜头的光学面,用完后即用镜头盖盖好。

七、思考题

(1)如何制备金属试样?
(2)显微摄影成像的原理是什么?
(3)定影的作用是什么?

实验十五　薄膜椭圆偏振光的光谱测量

一、实验目的

(1) 了解椭圆偏振光谱测量的基本原理,掌握利用椭圆仪测量薄膜厚度和折射率的基本方法。

(2) 学会椭圆偏振仪的使用方法。

二、实验原理

椭圆偏振法测量的基本思路是经由起偏器产生的线偏振光通过取向一定的 1/4 波片后获得等幅椭圆偏振光,把它投射到待测样品表面时,只要起偏器的透光方向适当,待测样品表面反射出来的将是线偏振光。根据偏振光在反射前、后的偏振状态变化,包括振幅和相位的变化,便可以确定样品表面的许多光学特性。

图 15-1 所示为一光学均匀和各向同性的单层介质膜。它有两个平行的界面,通常上部是折射率为 n_1 的空气(或真空),中间是一层厚度为 d、折射率为 n_2 的介质薄膜,下层是折射率为 n_3 的衬底,介质薄膜均匀地附在衬底上,当一束光射到膜面上时,在界面 1 和界面 2 上形成多次反射和折射,并且各反射光和折射光分别产生多光束干涉。其干涉结果反映了薄膜的光学特性。

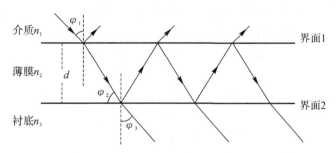

图 15-1　光在薄膜和衬底系统上的反射和折射

设 φ_1 表示光的入射角,φ_2 和 φ_3 分别为光在界面 1 和 2 上的折射角。根据折射定律有

$$n_1 \sin\varphi_1 = n_2 \sin\varphi_2 = n_3 \sin\varphi_3 \tag{15-1}$$

光波的电矢量可以分解成在入射面内振动的 p 分量和垂直于入射面振动的 s 分量。用 r_{1p}、r_{1s} 表示光线的 p 分量、s 分量在界面 1 的反射系数,用 r_{2p}、r_{2s} 表示光线的 p 分量、s 分

量在界面 2 的反射系数。用 E_{ip}、E_{is} 表示入射光波电矢量的 p 分量和 s 分量,用 E_{rp}、E_{rs} 分别表示各束反射光电矢量的 p 分量和 s 分量的和,那么 E_{rp}、E_{rs} 将满足如下关系

$$\left. \begin{array}{l} E_{rp} = \dfrac{r_{1p}+r_{2p}\mathrm{e}^{-\mathrm{i}2\varphi}}{1+r_{1p}r_{2p}\mathrm{e}^{-\mathrm{i}2\delta}} E_{ip} \\ E_{rs} = \dfrac{r_{1s}+r_{2s}\mathrm{e}^{-\mathrm{i}2\varphi}}{1+r_{1s}r_{2s}\mathrm{e}^{-\mathrm{i}2\delta}} E_{is} \end{array} \right\} \tag{15-2}$$

在椭圆偏振法测量中,为了简便,通常引入另外两个物理量 Ψ 和 Δ 来描述反射光偏振态的变化,它们与总反射系数的关系定义为

$$G = \frac{E_{rp}/E_{rs}}{E_{ip}/E_{is}} = \tan\Psi \mathrm{e}^{\mathrm{i}\Delta} = \frac{r_{1p}+r_{2p}\mathrm{e}^{-\mathrm{i}2\varphi}}{1+r_{1p}r_{2p}\mathrm{e}^{-\mathrm{i}2\delta}} \cdot \frac{r_{1s}+r_{2s}\mathrm{e}^{-\mathrm{i}2\varphi}}{1+r_{1s}r_{2s}\mathrm{e}^{-\mathrm{i}2\delta}} \tag{15-3}$$

式中:G 为反射系数比;2δ 为相邻两分波的相位差,$\delta = \dfrac{2\pi l}{\lambda} n_2 \cos\varphi_2$。式(15-3)一般被称为椭偏方程,其中 Ψ 和 Δ 被称为椭偏参数也叫椭偏角。

根据式(15-1)和菲涅尔公式,可得方程组

$$\left. \begin{array}{l} r_{1p} = \dfrac{(n_2\cos\varphi_1 - n_1\cos\varphi_2)}{(n_2\cos\varphi_1 + n_1\cos\varphi_2)} \\ r_{2p} = \dfrac{(n_3\cos\varphi_2 - n_2\cos\varphi_3)}{(n_3\cos\varphi_2 + n_2\cos\varphi_3)} \\ r_{1s} = \dfrac{(n_1\cos\varphi_1 - n_2\cos\varphi_2)}{(n_1\cos\varphi_1 + n_2\cos\varphi_2)} \\ r_{2s} = \dfrac{(n_2\cos\varphi_2 - n_3\cos\varphi_3)}{(n_2\cos\varphi_2 + n_3\cos\varphi_3)} \\ 2\delta = \dfrac{4\pi l}{\lambda} n_2 \cos\varphi_2 \\ n_1\sin\varphi_1 = n_2\sin\varphi_2 = n_3\sin\varphi_3 \end{array} \right\} \tag{15-4}$$

即 $\tan\Psi \mathrm{e}^{\mathrm{i}\Delta} = f(n_2, \varphi_1, n_3, d, \lambda)$

若能从实验测出 Ψ 和 Δ,则原则上可以解出 n_2 和 d($n_1, n_3, \lambda, \varphi_1$ 已知)。如果用复数形式表示入射光和反射光的 p 分量和 s 分量,即

$$\vec{E}_{ip} = |E_{ip}|\mathrm{e}^{\mathrm{i}\beta_{ip}}, \vec{E}_{is} = |E_{is}|\mathrm{e}^{\mathrm{i}\beta_{is}},$$
$$\vec{E}_{rp} = |E_{rp}|\mathrm{e}^{\mathrm{i}\beta_{rp}}, \vec{E}_{rs} = |E_{rs}|\mathrm{e}^{\mathrm{i}\beta_{rs}} \tag{15-5}$$

其中各绝对值为相应电矢量的振幅,β 值为界面处的位相。则可以得到

$$G = \tan\Psi \mathrm{e}^{\mathrm{i}\Delta} = \frac{E_{rp}/E_{rs}}{E_{ip}/E_{is}} \mathrm{e}^{\mathrm{i}\{(\beta_{rp}-\beta_{rs})-(\beta_{ip}-\beta_{is})\}} \tag{15-6}$$

由式(15-6)可以看出,参量 Ψ 与反射前、后 p 和 s 分量的振幅比有关,参量 Δ 与反射前后 p 和 s 分量的位相差有关,可见,Ψ 和 Δ 直接反映了光在反射前后偏振态的变化。这就是椭圆偏振法测量薄膜厚度的基本原理。

三、实验任务

测量薄膜样品的椭偏光谱。

四、实验仪器和设备

SpecEI-2000-VIS 型椭圆偏振测厚仪(集光、机、电于一体)。

五、实验内容和步骤

1. 光路调整

(1)调节载物台水平(目测使三个底角螺钉顶起高度一致)。

(2)激光器、平行光管和望远镜镜筒共轴(利用调共轴辅助件,使激光从中央小孔进入再从中央小孔射出,入射光管与出射光管共轴,记下此时刻度)。

2. 偏振片和 1/4 波片调整

(1)定位检偏器(见图 15-2)。

(2)将检偏器套在望远镜筒上,偏振片读数窗口朝上,起始读数为 90°。

(3)将接收光管转 66°,在载物台上放置黑色反光镜,此时光线以布鲁斯特角入射反光镜。

(4)整体转动检偏器(保持起始读数 90°位置不变),使半反目镜中观察到的反射光线最暗,锁紧检偏器的固定螺丝。

(5)将望远镜筒转回原位,取下黑色反光镜。

(6)将起偏器套在平行光管上,起偏器读数窗口朝上,使上、下刻度起始均为零。

(7)整体转动起偏器(保持起始刻度不变),使检偏器出射的光最暗,锁紧起偏器的固定螺丝。

(8)将 1/4 波片套在起偏器上,快轴对准起偏器的 0°,微调波片,使检偏器出射光最暗。

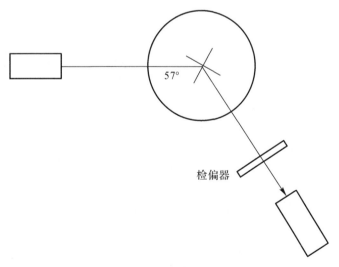

图 15-2 检偏器定位示意图

3. 测量薄膜样品

(1)将薄膜样品放置在载物台中央。

(2)望远镜筒转过 40°(此时激光束以 70°角入射薄膜表面)。

(3)1/4 波片置于 +45°,仔细调整起、检偏器角度同时大于 90°,使检偏器出射光强最弱,分别读出检、起偏器偏转角度 A_1、P_1(A_2、P_2)。

(4)1/4 波片置于 -45°,重复上述步骤,测出 A_3、P_3、A_4、P_4。

4. 将所测的四组数据输入计算机进行数据处理

计算出薄膜样品的厚度,在折射实验过程中严禁触摸薄膜表面。

5. 数据处理

参考说明书(软件操作说明)处理数据。

六、实验注意事项

(1)激光光源点亮后会发出较强的激光,对人眼能造成一定的伤害,故在使用中绝对禁止直视光源。

(2)工作时应尽量选择在阴凉、通风好的地方,以免影响仪器的使用寿命。长时间不使用时,应将仪器置于防尘、隔热的环境中。

七、思考题

(1)在实验步骤中,为什么要将检偏器调整至反射光最暗的状态?

(2)为什么在实验中选择布鲁斯特角入射?

(3)椭圆偏振法测量薄膜厚度和折射率的优势有哪些?

实验十六　拉曼光谱的测试与分析

一、实验目的

(1)掌握拉曼测试的原理和流程。
(2)使用拉曼光谱测试碳化硅样品。

二、实验原理

拉曼光谱(Raman spectra)是一种散射光谱。拉曼光谱分析法是基于印度科学家拉曼(Raman)所发现的散射效应,对与入射光频率不同的散射光谱进行分析以得到分子振动、转动方面的信息,并应用于分子结构研究的一种分析方法。当用一定频率的激发光照射分子时,一部分散射光的频率和入射光的频率相等,这种散射是分子对光子的一种弹性散射。只有分子和光子间的碰撞为弹性碰撞、没有能量交换时,才会出现这种散射,该散射称为瑞利散射。还有一部分散射光的频率和激发光的频率不等,这种散射称为拉曼散射,拉曼散射是分子对光子的一种非弹性散射效应。拉曼散射的几率极小,最强的拉曼散射也仅占整个散射光的千分之几,而最弱的甚至小于万分之一。处于振动基态的分子在光子的作用下,激发到较高的、不稳定的能态(称为虚态),当分子离开不稳定的能态、回到较低能量的振动激发态时,散射光的能量等于激发光的能量减去两振动能级的能量差 ΔE。当一束频率为 ν_0 的单色光照射到样品上后,分子可以使入射光发生散射。大部分散射光只是改变了传播方向,而穿过分子的透射光的频率仍与入射光的频率相同,这种散射是瑞利散射;还有一部分散射光,它约占总散射光强度的 $10^{-6} \sim 10^{-10}$,该散射光不仅传播方向发生了改变,而且频率也发生了改变,从而不同于入射光的频率,因此该散射是拉曼散射。在拉曼散射中,散射光频率相对入射光频率减少的称为斯托克斯散射,与之相反的情况,频率增加的散射称为反斯托克斯散射。斯托克斯散射通常要比反斯托克斯散射强得多,拉曼光谱仪通常测定的是斯托克斯散射,两种散射统称为拉曼散射。散射光与入射光之间的频率差称为拉曼位移。拉曼位移与入射光频率无关,它只与散射分子本身的结构有关。由于拉曼散射是分子极化率的改变而产生的(电子云发生变化),所以拉曼位移取决于分子振动能级的变化。不同化学键或基团有特征的分子振动,ΔE 反映了指定能级的变化,因此与之对应的拉曼位移也是特征的。以上就是拉曼光谱可以作为分子结构定性分析的依据。

三、实验任务

用拉曼光谱仪测出碳化硅(SiC)的拉曼光谱。

四、实验仪器设备

拉曼光谱仪(Portman 535)、碳化硅样品、载物台(含锡箔纸)、升降台、程序可控电脑。

五、实验步骤和内容

(1) 先用酒精棉签将带有锡箔纸的载物台表面擦拭干净,再用镊子将碳化硅样品放置在载物台上,再将其放置在升降台上对准,调节升降台粗准调旋钮,将样品和激光头之间的距离调至 0.5~1 cm。

(2) 严格按照以下流程打开设备:打开红色开关→钥匙转动至 ON→连接 USB 线→接通电源→打开电脑软件(选择拉曼模式)。

(3) 打开工具栏中光谱仪设置,点击扫描设备。

(4) 点击"连续"开始测样,转动升降台上的细准调旋钮,来回改变样品和激光头之间的距离,使拉曼光谱图形上的高度达到最大高度,期间可不断点击"自适应显示"。

(5) 扣除背景后,点击"保存数据"和"存为图片"。

六、实验注意事项

(1) 打开软件后,先点击光谱仪设置中扫描设备,若状态显示未连接,则拔掉 USB 接口,再重新插入。

(2) 激光一直选用激光自动状态;测量时,将拉曼激光头部正对样品,距离在 0.5~1 cm 来回调节。

(3) 波峰偏差较大时,用无水乙醇进行校对(将激光正对无水乙醇的烧杯),乙醇的拉曼峰为 882 nm。测量样品厚度较薄时,将样品放在铺满锡箔纸的放置台上。

(4) 保存文件时,选用扣除背景的原始图谱进行,以便后续打开原始文件进行分析;同时也需要保存图谱照片,表 16-1 为 SiC 的拉曼光谱参数。

表 16-1 SiC 的拉曼光谱参数

晶 型	简约波矢 $x=q/q_B$	频率/cm^{-1}			
		折叠横声学 FTA	折叠横光学 FTO	折叠纵声学 FLA	折叠纵光学 FLO
3C	0	—	796	—	972
2H	0	—	799	—	968
	1	264	764	—	—
4H	0	—	796	—	964
	2/4	196,204	776	—	—
	4/4	266	—	610	838

续表

晶 型	简约波矢 $x=q/q_B$	频率/cm^{-1}			
		折叠横声学 FTA	折叠横光学 FTO	折叠纵声学 FLA	折叠纵光学 FLO
6H	0	—	797	—	965
	2/6	145,150	789	—	—
	4/6	236,241	—	504,514	889
	6/6	266	767	—	—
15R	0	—	797	—	965
	2/5	167,173	785	331,337	932,938
	4/5	255,256	769	569,577	860

七、思考题

(1) 载物台上锡箔纸的作用是什么？

(2) 实验中为什么需要反复调整样品与激光头的距离？

(3) 拉曼光谱测试样品结构性质的优势是什么？

实验十七　材料光学吸收谱的测量

一、实验目的

(1) 掌握紫外分光光度计的工作原理和使用方法。
(2) 了解紫外分光光度计测量样品吸收光谱的原理。
(3) 根据吸收光谱推算出材料的光学禁带。

二、实验原理

(1) 任何一种物质对光波都会有或多或少的吸收，电子由能带之间的跃迁所形成的吸收过程称为本征吸收。在本征吸收中，光照将价带中的电子激发到导带，形成电子-空穴对。本征吸收光子的能量满足

$$h\nu \leqslant h\nu_0 = E_g \tag{17-1}$$

式中：h 为普朗克常量；ν 为光子的频率；ν_0 是满足光子本征吸收的频率，$\nu_0 = c/\lambda_0$，$\lambda_0 = 1\,240/E_g (\text{nm})$。电子在跃迁过程中，导带极小值和价带极大值对应于相同的波矢，称为直接跃迁。在直接跃迁中，吸收系数与带隙的关系为

$$\alpha^{h\nu} = A(h\nu - E_g)^{\frac{1}{2}} \tag{17-2}$$

式中：A 是吸光度。

电子在跃迁过程中，导带极小值和价带极大值对应于不同的波矢，称为间接跃迁。在间接跃迁中，K 空间电子吸收光子从价带顶 K 跃迁到导带底部状态 K'，伴随着吸收或者发出声子。则吸收系数与带隙的关系为

$$\alpha^{h\nu} = A(h\nu - E_g)^2 \tag{17-3}$$

(2) 透射率、吸光度与吸收系数之间的关系。

光吸收遵循朗伯-比尔(Lambert-Beer)定律：

$$A = -\lg \frac{I_0}{I} = abc \tag{17-4}$$

式中：A 为吸光度；I 为出射光；I_0 为入射光；a 为吸收系数；b 为吸收层厚度；c 为物质浓度。

三、实验任务

(1) 用紫外分光光度计测量有机-无机钙钛矿薄膜的透射光谱。
(2) 计算出有机-无机钙钛矿薄膜的光学禁带宽度，并与理论值比较。

四、实验仪器和设备

紫外分光光度计(U 3010)。

五、实验内容和步骤

(1)打开光谱仪电源。用鼠标双击桌面上的 UV Solution 图标。仪器主机开始初始化,初始化完成后,进入工作状态,测试软件的起始界面如图 17-1 所示。

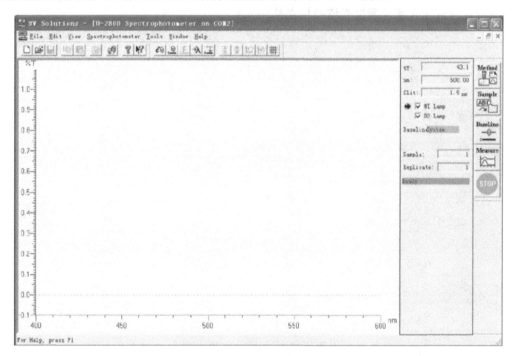

图 17-1 测试软件的起始界面

(2)点击"Method"弹出窗口,在 General 界面选择"Wavelength scan"。
(3)设置完成后,点击"Sample"弹出窗口,进行样品名输入、备注信息及文件名输入。
(4)将空白样品分别放入样品池和参照池,点击"BaseLine"弹出窗口,点击"OK",进行基线校正。
(5)将样品放入样品池并开始测量,这里有两种方法可以开始测量:
1)选择"Spectrophotometer"菜单下"Start"选项开始测量;
2)点击"Measure"开始测量。
如果要终止测试,需点击"Stop"选项。

六、实验注意事项

(1)开机预热 15 min 左右。
(2)测定时应注意:①参照池和样品池应是一对已经校正好的匹配的吸收池,材料和规格一致;②使用前、后应将吸收池洗净,测量时不能用手接触窗口;③已匹配好的比色皿不能用炉子和火焰干燥,不能加热,以免引起光程长度上的变化。

(3)实验完成后先关程序,再关仪器开关,关电源,关闭计算机。

(4)将仪器及试验台擦拭干净。

七、思考题

(1)如何确定材料发生了直接跃迁还是间接跃迁?

(2)材料的吸收光谱可能受哪些实验因素的影响?

(3)紫外分光光度计测量光谱的优点是什么?

第四篇　电学性能的测试

电学测试方法在现代科学研究中发挥着核心作用,特别是在分析和理解材料的电导率、电阻率和半导体特性等方面。这些方法能够揭示材料的电子结构、载流子浓度、载流子迁移率等重要物理性质,对开发新型电子和能源材料至关重要。电学测试不仅对基础物理研究具有重大意义,而且在新能源、信息技术、微电子工程等领域的应用开发中占有不可替代的地位。本篇内容包括 4 个实验,对材料物理专业的学生来说,学习电学测试方法意味着能够直接接触到材料性能研究和器件开发的前沿领域。这不仅能够加深他们对材料电学性质的理解,还能够培养他们的实验设计和数据分析能力,为解决实际工程问题提供实验基础和理论支持。此外,熟悉电学测试技术能够使学生们更好地与现代电子、能源技术的发展趋势接轨,增强他们的竞争力和创新能力。因此,电学测试方法的学习对材料物理专业的学生具有重要的教育意义和实践价值。它不仅是学生专业技能训练的重要组成部分,也是培养他们综合素质、实验能力和创新思维的关键环节。

实验十八　薄带电阻率的测量

一、实验目的

(1) 了解四探针测量电阻率的原理。
(2) 掌握 SZ 型数字式四探针的使用方法。

二、实验原理

如图 18-1 所示,当 1、2、3、4 四根金属探针排成一直线时,并以一定的压力压在合金薄带上,在 1、4 两根探针间通过电流 I,则在 2、3 探针间产生电位差 V。材料的电阻率为

$$\rho = C\frac{V}{I}(\Omega \cdot \text{cm}) \tag{18-1}$$

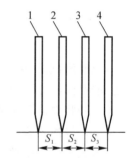

图 18-1　四探针原理示意图

式中:C 为探针修正系数,由探针间距决定。当样品电阻率分布均匀,样品尺寸满足半无穷大条件时,

$$C = \frac{2\pi}{\dfrac{1}{S_1}+\dfrac{1}{S_2}-\dfrac{1}{S_1+S_2}-\dfrac{1}{S_2+S_3}}(\text{cm}) \tag{18-2}$$

式中:S_1、S_2、S_3 分别为探针 1 与 2、2 与 3、3 与 4 之间的距离,在实验中使用的探头的系数 C 约为 (6.28 ± 0.5) cm。由于合金薄带样品厚度与探针间距相似,不符合半无穷大边界条件,测量时要附加样品的厚度、形状和测量位置的修正系数,其电阻率为

$$\rho = C\frac{V}{I}G\left(\frac{W}{S}\right)D\left(\frac{d}{S}\right) = \rho_0 G\left(\frac{W}{S}\right)D\left(\frac{d}{S}\right) \tag{18-3}$$

式中:ρ_0 为块状体电阻率测量值;$G(W/S)$ 为样品厚度修正函数,对应不同的值可以由附录查出;$D(d/S)$ 为样品形状与位置的修正函数,也可由附录查出;W 是样品的厚度(μm);S 是探针间距(mm)。

三、实验任务

测量 Fe-Cu 或者 Co-Cu 合金薄带的电阻率。

四、实验仪器和设备

SZ 型数字式四探针测试仪、JCD3 读数显微镜。

五、实验内容和步骤

(1)用读数显微镜采用多次测量求平均值的方法得到合金薄带的厚度,用游标卡尺测量合金薄带的长度和宽度。根据不同的长度、宽度和厚度,查表得到 G 和 D 的值。

(2)接通仪器的电路,将电源开关置于断开位置,工作选择开关置于短路位置,电流开关处于弹出断开位置(仪器面板示意图见图 18-2)。

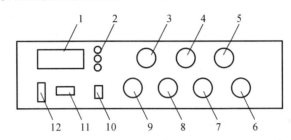

1—数字显示板;2—单位显示灯;3—电流量程开关;4—工作选择开关;5—电压量程开关;6—输入插座;
7—调零细调;8—调零粗调;9—电流调节;10—电源开关;11—电流开关;12—极性开关

图 18-2 仪器面板示意图

(3)测试前,用细砂纸将合金薄带表面的氧化膜打磨掉,并用酒精清洗表面,放到测试架上使探针与样品有良好的接触,并保持一定的压力。

(4)将电源开关置于开启位置,数字显示灯亮,仪器预热 1 h。

(5)极性开关拨至上方,工作状态选择开关置于测量位置,拨动电流量程和电压量程开关(根据表 18-1 对应的值),置于样品测量所适合的电流和电压量程范围内。

(6)调节电压表的粗调和细调旋钮调零,使数字显示为"0000",按下电流开关输出恒定电流,在数字显示板上直接读出测量值,在单位显示灯上读出单位值;读数后断开电流开关,数字恢复到零位。

(7)极性开关拨至下方(负极性),按下电流开关,在显示板上读出测量值,同时在单位显示灯上读出单位;读数后断开电流开关。

(8)将两次得到电阻率平均即得到样品在该处的电阻率值 ρ_0。

(9)将实验得到的 G、D 和 ρ_0 带入式(18-3)即可得到薄带的电阻率。

表 18-1 不同电阻率测量时电压电流量程选择表

电流	电压				
	0.2 mV	2 mV	20 mV	200 mV	2 V
100 mA	$10^{-4} \sim 10^{-3}$	10^{-3}			
10 mA		$10^{-3} \sim 10^{-2}$	10^{-1}		
1 mA		10^{-1}	$1 \sim 20$	$10 \sim 50$	$10^2 \sim 10^3$
100 μA				$200 \sim 500$	$10^3 \sim 10^4$
10 μA					10^5

六、实验注意事项

(1) 在探针与样品之间保持一定的压力,这一压力既不能太大又不能太小,掌握好分寸。
(2) 在按下电流开关时,若数字出现闪烁,则表示测量值已超过磁电压量程,应将电压量程调到更高挡。
(3) 在实验中,不要拨动电流调节旋钮,其在实验前已调节好。

七、思考题

(1) 薄带材料厚度明显不均匀时,四探针法的测量结果会受到什么影响?
(2) 在测量过程中发现仪器读数不稳定,其可能的原因有哪些?
(3) 四探针的间距设置对电阻率的测量有什么影响?

实验十九 离子溅射仪制备金薄膜及其电阻率测量

一、实验任务

(1) 掌握 SBC-12 小型离子溅射仪的原理和使用方法。

(2) 了解薄膜厚度对电阻率的影响。

二、实验原理

离子溅射镀膜是在部分真空的溅射室中通过辉光放电产生正的气体离子,在阴极(靶)和阳极(试样)间电压的加速作用下,带正电的离子轰击阴极表面,使阴极表面材料原子化。这些形成的中性原子会从各个方向溅出进而射落到试样的表面,于是在试样表面上形成了一层均匀的薄膜。

由于阴极表面被击出的材料主要是中性原子,若离子碰撞的能量比较低,即在低的加速电压下,击出的原子数目是相当少的,则可忽略不计;在高能离子的撞击下,即加速电压超过 500 V 时,每个离子可以从靶材表面撞击出一个原子。靶材表面溅出原子的速度主要决定于靶材、加速电压、气压和气氛的性质。在试样表面上膜的生长速度依赖于试样与靶的相对位置以及原子化的速度。溅射原子到达试样上的量会随着试样与靶材间距的二次方的增加而降低,当试样的位置靠近和平行于靶的表面时,薄膜生长速度达到最大。

薄膜生长的厚度是由下式决定的

$$d = KIVt \tag{19-1}$$

式中:d 为镀膜厚度(Å);K 为常数,取决于溅射金属和所充气体、靶与样品之间的距离(约 5 cm),如采用金靶和氩气时,K 为 0.17,如用空气时,K 为 0.07;I 为离子流密度;V 为所施加电压(kV);t 为时间(s)。

关于四探针测量电阻率的方法可以参见实验十八。

三、实验任务

(1) 用离子溅射仪在玻璃基片上沉积金薄膜。

(2) 测量金薄膜的电阻率。

四、实验仪器和设备

SBC-12型离子溅射仪和数字式四探针测试仪。

五、实验内容和步骤

1. 溅射镀膜

(1) 首先将高压电源线的白色塑料插头牢固地插到喷镀头的电极上并且保证接触良好,再把地端插到喷镀头的地端插孔内,然后开机。

(2) 开机后,真空泵开始工作,10~15 s 后工作室内压力下降并显示在真空计上。当真空度上升至气压为 20 Pa 时,溅射单元的"准备"灯亮,然后继续抽至 5~6 Pa 时,计时器调到最低 10 s。

(3) 打开充气阀直至工作室内真空室压力正好上升(即真空指示开始下降),按一下实验按钮,观察溅射电流的大小,通过调节充气阀的流量可以决定溅射电流的大小,直至电流大小满足要求,一般使用的等离子电流在 10 mA 以下。

(4) 按下"启动"按钮(计时器已调至 10 s),这时可以看到工作室内出现蓝紫色的可见光,虽然最初由于系统放气可能使等离子流不稳定,但这可通过充气阀来调节束流。放电引起金溅射,放电在 10 s(自己选择)后自动停止。重按"启动"按钮就会重复本过程,在重按"启动"按钮前适当调整计时器,以便增加溅射时间。

(5) 溅射后,关闭电源开关,关闭针阀(注意:针阀旋钮顺时针拧到底后再反向拧两圈),并用溅射头上的放气阀向工作室内放气。

2. 四探针测量电阻率

(1) 接通仪器的电路,将电源开关置于断开位置,工作选择开关置于短路位置,电流开关处于弹出断开位置。

(2) 测试前,用酒精清洗表面,放到测试架上使探针与样品有良好的接触,并保持一定的压力。

(3) 将电源开关置于开启位置,数字显示灯亮,仪器预热 1 h。

(4) 极性开关拨至上方,工作状态选择开关置于测量位置,拨动电流量程和电压量程开关(根据附表对应的值)置于样品测量所适合的电流和电压量程范围内。

(5) 调节电压表的粗调和细调旋钮调零,使数字显示为"0000",按下电流开关输出恒定电流,在数字显示板上直接读出测量值,在单位显示灯上读出单位值;读数后断开电流开关,数字恢复到零位。

(6) 极性开关拨至下方(负极性),按下电流开关,在显示板上读出测量值,同时在单位显示灯上读出单位;读数后断开电流开关。

(7) 将两次得到的电阻率取平均值,即得到样品在该处的电阻率。

六、实验注意事项

(1)金靶的更换：先拔下溅射盖板上高压和地线插头，拿下溅射盖板，松开顶丝，拿下保护板，然后拧下压环，就可以更换新靶。

(2)玻璃工作室清洗：玻璃工作室用无水乙醇、丙酮清洗，以保证系统能正常工作。

(3)针阀使用：针阀关闭后再反向拧两圈，以防止关机。离子溅射仪在放置一段时间不用后再用时，可能会出现阀针回弹不灵活的情况。若遇到打开针阀时不向工作室放气的情况，则将针阀钮拧到底后再重新打开即可。

七、思考题

(1)小型离子溅射仪的原理是什么？
(2)薄膜的厚度对电阻率有什么影响？
(3)金薄膜在极薄时呈现什么颜色？原因是什么？

实验二十　低温下材料的光电响应性能测试

一、实验目的

(1) 了解温度对材料性质的影响。
(2) 掌握低温的获得技术及低温仪器的使用方法。

二、实验原理

材料在低温下会发生一些变化,尤其是功能特性,本实验主要研究低温状况下材料的物理性质。控温原理是通过氮气将液氮压入杜瓦内胆(见图 20-1),操作调节杆使液氮进入冷头内腔,同时冷头上的电阻丝可以调节加热速率,控温仪可实现 77～450 K 温度范围的控温。对具有庞磁电阻效应的锰氧化物材料而言,温度升高可以使由杨-泰勒(Jahn-Teller)效应产生的自旋向下的巡游电子激发,并和局域化的 $t_{2g}^3\uparrow$ 电子相互作用,从而削弱双交换作用,使得薄膜电阻率增大。然而,外加磁场可以使由 Jahn-Teller 效应发生退简并的 e_g 电子再次简并,出现庞磁电阻效应(Colossal Magnetoresistance,CMR)。因此,调控 $e_g\downarrow$ 电子的状态成为影响此类材料物理性能的关键因素。

三、实验任务

测试 CMR 薄膜材料光电导的温度效应。

四、实验仪器和设备

半导体激光器、低温实验系统、光电管、示波器、万用表和稳压源。

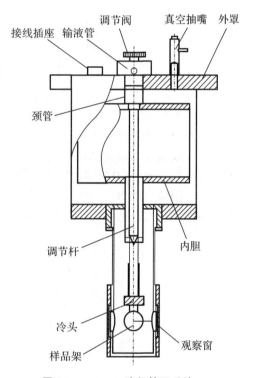

图 20-1　77 K 液氮杜瓦系统

五、实验内容和步骤

1. 低温的获得

在试样架上固定好 CMR 薄膜（薄膜要对准石英窗）后，将液氮杜瓦系统预抽真空 2 h，直到真空度达到 1×10^{-2} Torr（1 Torr＝133.322 Pa）后关闭真空抽嘴，关闭调节阀，然后按照如图 20-2 所示的液氮输入系统示意图连接设备，再利用输液系统在液氮杜瓦系统内胆灌满液氮（观察排气孔有液氮溢出），这时可得到低温系统，打开控温仪等待系统温度基本平衡（大约 20 min）。

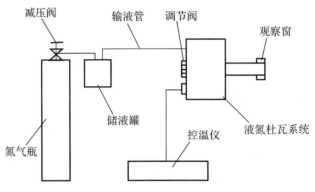

图 20-2　液氮输入系统示意图

2. 光路及电路接线调试

将接线插座与液氮杜瓦系统相连，如图 20-3 所示，采用外触发模式，触发信号由图中所示光电二级管（PD）探测的同步光脉冲分量提供；电路中电源为 WYK-503 直流稳压稳流电源。限流电阻 $R_0 = 210\ \Omega$。实验薄膜样品设计参见图 20-3 左下插图：薄膜宽度为 0.75 mm，厚度为 90 nm，两个银电极间距为 0.2 mm。

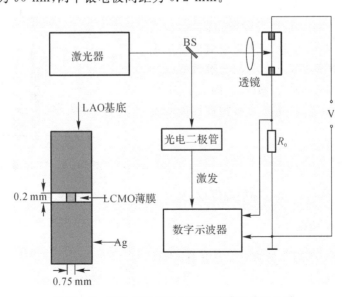

图 20-3　实验光路电路图以及薄膜的外形设计

3. 控制温度在设定值

参见控温仪的控制面板。经开机自检、自动变换后，PV 显示测量值，SV 显示加热量。在仪表 PV 测量值显示状态下，按下"SET"键，仪表转入控制参数设定状态，每按一次"SET"键，即按照下列顺序变换参数（见表 20-1）。

表 20-1 参数设定状态表

符号	名称	设定范围	说明	应设定值
CLK	设定参数禁锁	CLK = 00 CLK ≠ 00	设定参数可修改 设定参数不可修改	00
P	比例值	全量程	为零时成位式控制	1
I	积分值	1～1 999 s	为零时积分动作 OFF	0
符号	名称	设定范围	说明	应设定值
D	微分值	1～1 999 s	为零时积分动作 OFF	0
AUT	自动演算	AUT = 0（关） AUT = 1（开）	手动设定 PID 参数 自动演算	0
复位键				

控制目标 SV 的设定，在 PV 显示测量值的状态下，按住"SET"键不放，4s 后即进入控制目标值 SV 的设定状态，再按"▲ ▼"键设定到所需的温度，接着按"SET"键确认设定值，再按"复位"键返回。此时控温仪开始控温，待温度稳定后再设定另一温度。然后慢慢打开调节阀，直到看见调节阀上的排气孔有少量的白烟冒出，观察温度下降，当接近设定温度时，慢慢减小调节阀，直到看见排气孔没有白烟，等待控温仪将温度稳定在设定值即可（设定温度可在 80～400 K 范围内）。

4. 进行实验测量

打开激光器，聚焦到薄膜上，再打开示波器（参阅使用说明书）及稳压电源，开始进行实验测量。

六、实验注意事项

(1) 液氮杜瓦系统中样品架外套有 4 个石英观察窗，在安装之前应用酒精或丙酮清洁干净，以降低激光的入射损耗，减小实验误差。

(2) 样品架外套的上端口安装时应涂上密封硅胶，防止漏气，以保证薄膜样品与外界热绝缘,实现顺利控温。

(3)在进行光学实验时,薄膜的膜面应该和对应的观察窗平行,并防止内部引线或薄膜标签挡住入射光路。

(4)比较关键的一点是,在薄膜安装好之后,各引线接头应该使用绝缘胶封好,以防金属外套的短接作用。

(5)一切准备好之后,在对液氮杜瓦系统抽气之前,接上数据线,测量各个薄膜的电阻,与未装入之前比较,看是否有接触问题,包括引线和腔壁。

七、思考题

(1)实验中提到的 CMR 薄膜材料的特点是什么?
(2)低温下,CMR 薄膜材料的光电导效应有什么共同特点?
(3)不同温度下,光电导效应的变化会受什么因素的影响?

实验二十一　霍尔效应的测量与分析

一、实验目的

(1)掌握霍尔效应的原理。
(2)掌握基于霍尔效应测量半导体载流子浓度的方法。

二、实验原理

1879 年,德国物理学家霍尔(E. H. Hall)在研究金属载流导体在磁场中受力的性质时发现了一种现象:当电流通过导体或者半导体时,如果在电流垂直方向存在磁场,那么在既垂直于电流又垂直于磁场的方向上会出现一个电势差,这种现象被称为霍尔效应(Hall effect)。从本质上讲,这是运动的带电粒子在磁场中受洛伦兹力作用而引起的偏转现象,其原理图如图 21-1 所示。

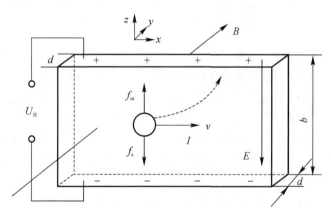

图 21-1　霍尔效应原理图

这里假设将一块宽为 d、高为 b 的 P 型半导体放置在磁场中,电流 I 沿着 x 轴的正方向,磁感应强度 B 沿着 y 轴的正方向,半导体中的载流子在洛伦兹力 f_m 的作用下向 z 轴的正方向移动,导致在样品的上表面出现正电荷累积,从而在样品下表面感应出等量的负电荷。这个电势差形成的电场会对载流子产生电场力 f_E 的作用,其方向与 f_B 相反。随着电荷在上述过程中的进一步累积,f_E 逐渐增强,直到与 f_B 等大。因此,当达到平衡状态后,f_E 与 f_B 等大反向,在半导体的上、下两个面之间会产生一个稳定的电势差,即为霍尔电压

U_H。假设该半导体的载流子浓度为 n，载流子带电量为 q，那么在达到平衡状态后，各个物理量间有如下表达关系：$I=nqvbd$，$f_\mathrm{B}=qvB$，$f_\mathrm{E}=qU_\mathrm{H}/b$，$f_\mathrm{B}=f_\mathrm{E}$。联合上述 4 个表达式，可以得到霍尔电压的表达式

$$U_\mathrm{H}=\frac{IB}{nqd}=R_\mathrm{H}\frac{IB}{d} \qquad (21-1)$$

式中：$R_\mathrm{H}=\dfrac{1}{nq}$ 为霍尔系数，与材料本身的载流子浓度和类型有关。由式(21-1)可知，当电流 I 不变时，对于给定的半导体样品，R_H 和 d 也是固定的，因此霍尔电压会随着磁感应强度呈线性变化趋势。对于给定的霍尔元件，定义霍尔灵敏度为 $K_\mathrm{H}=\dfrac{1}{nqd}$。若霍尔元件的 K_H 已知，测出电流 I 和霍尔电压 U_H，则可以根据式(21-1)求出磁感应强度 B。

图 21-1 展示了 P 型半导体中的霍尔效应，样品上表面的电位比下表面的电位高；对 N 型半导体而言，情况刚好相反，下表面的电位比上表面的电位高。因此，对一块半导体样品而言，如果施加的电流和环境的磁感应强度相同，那么根据样品上、下表面的电位高低就可以判断出半导体材料的导电类型是 P 型还是 N 型。由式(21-1)可知霍尔系数为

$$R_\mathrm{H}=\frac{U_\mathrm{H}d}{IB} \qquad (21-2)$$

对于一块已知厚度为 d 的半导体样品，如果测出通过其中的电流 I 以及霍尔电压 U_H，再通过高斯计探测出磁感应强度 B，就可以计算得到 R_H 的数值。如果 $R_\mathrm{H}>0$，那么样品是一块 P 型半导体；如果 $R_\mathrm{H}<0$，那么样品是一块 N 型半导体。再根据 R_H 的定义可知，$|R_\mathrm{H}|=\left|\dfrac{1}{ne}\right|$，其中，$e$ 是单位电荷量。因此，根据 R_H 的数值就可以计算得到半导体的载流子浓度 n 了。

在霍尔电压的测量过程中，除了霍尔效应，还伴随有不同的副效应，主要有以下几类副效应。①不等位电势差：测量霍尔电压的两侧焊点位置不对称，当电流 I 流过时，两焊点不在同一等势线上，因而产生电势差，其方向只与 I 的方向有关。②爱廷豪森效应：由于载流子的运动速度不是完全相同的，同一时刻在霍尔元件两侧堆积的载流子数量不同，由此导致霍尔元件两侧产生温差并形成温差电动势，其方向与 I 和 B 的方向均有关。③能斯特效应：霍尔元件通过电流 I 的两侧焊接点位的电阻不同，导致发热情况不同，因而存在温度梯度，载流子沿温度梯度扩散时，由于霍尔效应产生的电动势，其方向只与 B 的方向有关。④里纪-勒杜克效应：载流子在电流 I 方向沿着温度梯度扩散时，由于其速度大小不同，由爱廷豪森效应引起的温差电动势，其方向只与 B 的方向有关。后三种副效应均属于热磁效应。

在实际测量中，得到的电压除了霍尔电压，还包括上述四种副效应所引起的附加电压。因为后三种副效应均属于热磁效应，所以当电流较小即焦耳热比较小时，这三种副效应引起的附加电压也很小。本实验测量中只考虑不等位电势差的影响。在测量时，同时改变 I 和 B 的方向，霍尔电压的大小不变，但是不等位电势差一次的作用是增大测量电压，一次的作用是减小测量电压，因此，可以取两次测量的平均值来消除不等位电势差的影响。这种方法称为异号测量法。

三、实验任务

(1) 测量半导体硅单晶薄片样品的霍尔电压与外磁场的对应曲线。
(2) 计算出半导体硅单晶薄片样品的载流子浓度和霍尔灵敏度。

四、实验仪器和设备

电磁铁、样品电流源、数字毫伏表、励磁电流源、半导体硅单晶薄片样品、样品架和高斯计。

五、实验内容和步骤

(1) 将半导体硅单晶薄片样品和各种仪器连接起来,然后打开仪器开关。
(2) 设定样品电流源输出为恒定值 $I=0.1$ mA。
(3) 改变励磁电源的输出电流的数值 I_m,以 0.5 A 为步长,从 $-3 \sim 3$ A 每输出一个 I_m,记录毫伏表的读数 U_H 和高斯计的读数 B。
(4) 改变样品电流源的数值($I=0.5$ mA、1.0 mA、1.5 mA、2.0 mA),重复步骤 3 的测试。
(5) 测量结束,关闭各仪器,取下样品,收拾好实验平台。
(6) 数据处理:将每个电流 I 下的 U_H 和 B 的数据导入 Excel 表格中,作出 $U_H - B$ 曲线,根据斜率求出半导体硅单晶薄片样品的霍尔灵敏度 $K_H = \dfrac{1}{nqd}$。样品的厚度已知是 0.5 mm,再进一步算出半导体硅单晶薄片样品的载流子浓度。

六、实验注意事项

(1) 测试过程中,注意样品电流源和励磁电流源的输出范围。
(2) 实验操作过程中,注意不要污染样品。

七、思考题

(1) 如何利用霍尔效应判断载流子种类?
(2) 对于半导体材料,载流子浓度和温度有着怎样的关系?
(3) 霍尔效应在实际生产中有哪些应用?

第五篇　磁学性能的测试

表征磁学性质在现代科学研究中占据着举足轻重的地位,尤其是在研究和开发新型磁性材料、磁存储设备以及各种磁性传感器等方面。磁性材料的性能直接关系到这些应用的效率、密度和稳定性,因此,准确地测量和理解材料的磁化强度、磁化率、居里温度以及磁阻效应等磁学性质变得极其重要。这些磁学性质的表征不仅可以揭示材料的微观磁态结构,还能为优化材料性能、设计新型磁性器件提供理论基础和实验数据。本篇内容包括3种常见的表征磁性参数的实验方法,对材料物理专业的学生而言,掌握磁学性质的表征方法不仅是他们专业学习的必要组成部分,也是未来在磁性材料研究和应用领域中发挥作用的关键技能。通过学习这一部分内容,不仅使学生能够了解磁性材料的基本理论和实验技术,还能够培养他们的实验设计、数据分析和解决问题的能力。此外,磁学性质的表征技术的学习和实践,也将促进学生对新型磁性材料开发的兴趣和对其创新思维的培养。

实验二十二　铁磁材料的磁性参数表征

一、实验目的

(1) 掌握振动样品磁强计的基本原理和结构，了解其使用方法。
(2) 掌握磁性样品的起始磁化曲线和磁滞回线的测量。

二、实验原理

振动样品磁强计(VSM)是一种磁性测量常用的仪器，在科研和生产中有着广泛的应用。它是利用小尺寸样品在磁场中做微小振动，使临近线圈感应出电动势而进行磁性参数测量的系统。与一般的感应法不同，VSM不用对感应信号进行积分，从而避免了信号漂移。VSM的另一个优点是磁矩测量灵敏度高，最高达到10^{-7} emu(1 emu=1 000 A/m)，对测量薄膜等弱磁信号更具优势。如果一个小样品(可近似为一个磁偶极子)在原点沿Z轴做微小振动，放在附近的一个小线圈(轴向与Z轴平行)将产生感应电压

$$e_g = G\omega\delta m\cos\omega t = km \tag{22-1}$$

式中：G为线圈的几何因子，$G = \dfrac{3}{4\pi}\mu_0 NA\dfrac{Z_0(r^2-5x_0^2)}{r^7}$，$N$、$A$为线圈匝数和面积，$\mu_0$为真空磁导率，$z_0$为线圈的半径，$r$为样品或测量点距离线圈中心轴的偏移距离，$x_0$为线圈与测量点之间的距离；$\delta$为振幅；$m$为样品的磁矩；$\omega$为振动频率。原则上，可以通过计算确定出$e_g$和$m$的比例系数$k$，从而由测量的电压得到样品的磁矩。但这种计算很复杂，几乎是不可能进行的。实际上是通过实验的方法确定比例系数k，即通过测量已知磁矩为m的样品的电压e_g，得到$k = \dfrac{e_g}{m}$，这一过程称为定标。定标过程中标样的具体参数(磁矩、体积、形状和位置等)越接近待测样品的情况，定标越准确。

VSM测量采用开路方法，磁化的样品表面存在磁荷，表面磁荷在样品内产生退磁场NM，N为退磁因子，与样品的具体形状有关。因此，在样品内，总的磁场并不是磁体产生的磁场H，而是$H-NM$。测量的曲线要进行退磁因子修正，把H用$H-NM$来代替。

样品放置的位置对测量的灵敏度有很大影响。假设线圈和样品按图22-1所示的位置放置，沿x方向离开中心位置，感应信号变大；沿y和z方向离开中心位置，感应信号变小。

中心位置是 x 方向的极小值和 y、z 方向的极大值,是对位置最不敏感的区域,称为鞍点,如图 22-2 所示。测量时,样品应放置在鞍点上,这样可以使样品因有限体积而引起的误差最小。

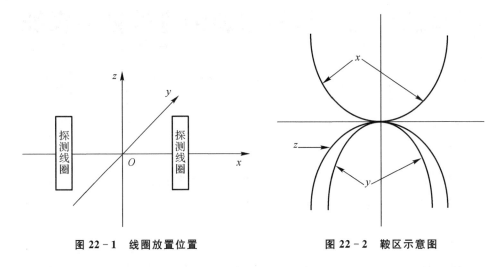

图 22-1　线圈放置位置　　　　　图 22-2　鞍区示意图

VSM 主要由磁体及电源、振动头及驱动电源、探测线圈、锁相放大器和测量磁场用的霍尔磁强计等几部分组成,在此基础上还可以增加高温和低温系统,实现变温测量。振动头用来使样品产生微小振动,振动频率应尽量避开 50 Hz 及其整数倍,以避免产生干扰。为了使振动稳定,还要采取稳幅措施。在振动杆上固定一块永磁体,永磁体与样品一同振动。当振动幅度发生变化时,放置在永磁体附近的一对探测线圈会探测到这一变化并反馈给驱动电源,驱动电源根据反馈信号对振动幅度做出调整,使振幅稳定。驱动电源的驱动方式有机械驱动、电磁驱动和静电驱动几种。

三、实验任务

测量磁性材料 $La_{1-x}Sr_xMnO_3$ 粉体的 M-H 曲线和 M-T 曲线。

四、实验仪器和设备

7303 型振动样品磁强计。

五、实验内容和步骤

1. 开机

按顺序打开循环水开关(依次打开机箱左侧开关和正面面板开关)、控制柜开关、磁场电源开关(依次打开开关,按下 Pon 和 Ctrl)及电脑控制软件。

2. 磁矩校准

换上 Ni 标样,工具栏上依次点击"Calibrations"→"Moment Gain",输入标样的参数 3.47 emu、5 000 Gs 后,确认。待运行完成后,点击"Ramp To",Field 的大小输入 5 000 Gs,

运行,检查测量结果是否接近 3.47 emu。若相差较大,则需进行反复校准。

3. 实验测定

(1)测量程序设定。

1)$M-H$ 曲线。点击"experiment"选择"edit Experiment"选项,选择"New",输入自定义实验条件的名称(如 $M-H$ -1T 等),并选择磁场进入程序设定,设置磁场的测量范围及间隔,选择测量模式(continuous or point by point,time per point)以及灵敏度(x-sensitivity)。

2)$M-T$ 曲线。点击"experiment"选择"edit Experiment"选项,选择"New",输入实验名称(如 $M-T$ 100-300 K 等),并选择温度进入程序设定,设置磁场的测量范围及间隔,选择温度的测量范围及间隔和灵敏度(x-sensitivity),然后选择温度范围(temperature domain)进入设定控温条件。

3)设置 profile。可以将多个 experiment 放入 profile,类似批处理文件。

(2)开始测量。

输入样品名字,习惯性采用人名+样品名+质量+曲线名(如 HZD LSMO23mg M-Hloop@300K),选择设定的曲线,点击"start"按钮。

4. 关机

关闭软件,依次关闭磁场电源开关、控制柜开关和循环水开关。

六、实验注意事项

(1)操作过程严格按照步骤进行,注意不能污染样品杯。

(2)磁场最大值为 10 000 Gs,即 1 T,不可超过该值。

七、思考题

(1)振动头的振动频率为什么应尽量避开 50 Hz 及其整数倍?

(2)如何检查样品是否处于磁场的鞍点区域?

(3)阐述材料的磁化过程。

实验二十三　磁光克尔效应的测量与分析

一、实验目的

(1) 了解磁光克尔效应的原理。
(2) 掌握使用磁光克尔效应仪测量铁磁性薄膜磁滞回线的方法。

二、实验原理

1877 年，克尔(John Kerr)在观测偏振光从抛光过的电磁铁磁极反射时，发现了偏振面旋转的现象，这就是由磁光克尔效应引起的。1985 年，Moog 和 Bader 进行了铁磁超薄膜的磁光克尔效应研究，首次成功地测得了单原子层磁性薄膜的磁滞回线，并提议将该技术称为表面磁光克尔效应。从此，这种探测薄膜磁性的先进技术开始在科研中得到大量的应用。表面磁光克尔效应的灵敏度可达到单个原子层厚度，并可配置于超高真空系统中进行超薄膜磁性的原位测量，因此成为表面磁学的重要研究方法。

当一束线偏振光入射到不透明样品表面时，若样品是各向异性的，则反射光的偏振方向会发生偏转而变成椭圆偏振光；若此时样品为铁磁状态，则还会导致反射光偏振面相对于入射光的偏振面额外再转过一个小角度，这个小角度称为克尔旋转角 θ_k，即椭圆长轴和参考轴间的夹角。一般而言，由于样品对 P 偏振光（入射偏振光电矢量平行于入射面）和 S 偏振光（入射偏振光电矢量垂直于入射面）的吸收率不同，即使样品处于非磁状态，反射光的椭偏率也要发生变化，而铁磁性会导致椭偏率有一附加的变化，这个变化称为克尔椭偏率 ε_k，即椭圆长短轴之比。克尔旋转角与样品的磁化强度是有关系的，在实际测试中，不同的克尔旋转角会导致透过检偏器的光强发生变化，因此，通过检测光强的变化就可以间接表征样品磁矩的变化。

根据线偏振光的入射方向和样品表面法线方向、磁化强度方向的不同，可以将磁光克尔效应分为三类：极向克尔效应、纵向克尔效应和横向克尔效应，如图 23-1 所示。极向克尔效应是指样品的磁化强度垂直于样品膜面但是平行于线偏振光的入射面时的克尔效应；纵向克尔效应是指样品的磁化强度同时平行于样品膜面和线偏振光的入射面时的克尔效应；横向克尔效应是指样品的磁化强度平行于样品膜面但是垂直于线偏振光的入射面时的克尔效应。这三类克尔效应可以用于获得不同敏感方向上的磁信息。磁性薄膜的极向、纵向和横向克尔旋转角的强弱由其易磁化方向决定。由探测器探测到光强的变化就可以推测出样品的磁化状态和磁性参量的变化，因此，磁光克尔效应已经被广泛应用于薄膜磁性的检测中。

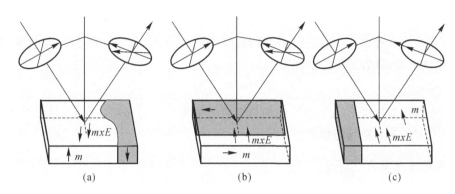

图 23-1　三类磁光克尔效应示意图
(a)极向克尔效应；(b)纵向克尔效应；(c)横向克尔效应

三、实验任务

(1)测量坡莫合金薄膜的磁滞回线。
(2)根据磁滞回线获得样品的矫顽力、各向异性场的数值。

四、实验仪器和设备

磁光克尔效应仪。

五、实验内容和步骤

1．开机

打开总电源，打开电脑电源，打开激光器控温电源、激光电源，打开磁铁电源，打开测试软件。

2．放置样品

将样品杆上的大螺母拧松，然后将样品杆轻轻抽出，提起使其离开电磁铁。然后用镊子将待测样品粘在样品杆顶端的双面胶上，如有各向异性的样品，使其易轴垂直于两铜螺丝的连线。接着将样品杆装回原处，使铜螺丝竖直向上，此时易轴平行于磁场。

3．调光路，选择待测区域

首先保证激光打在样品上，而且没有打在磁铁极头上。然后加上滤光镜，挡住激光，打开白灯，调反射目镜的前后位置完成聚焦，使屏幕正中央样品形貌清晰。可使用 Location 中的上、下、左、右按钮选择合适的检测区域或结构。最后关白灯，粗调入射物镜上、下或左、右的位置，使激光居于屏幕正中心，调入射物镜前、后位置，使激光聚焦成一亮点。

4．测试

输入测试磁场的范围与步长，选择所要测量的区域。然后在回线测量界面点"measure"，即可以测出磁滞回线。选择保存路径，即可在指定文件夹下保存磁滞回线。再控制转台,将样品旋转 30°、60°、90°后,重复上述步骤,即可测试不同方向的磁滞回线。

5. 关机

先将样品取下放好,然后关闭测试软件,关闭电脑电源,关闭激光器控温电源、激光电源,关闭磁铁电源,最后关闭总电源。

6. 数据处理

将测出的数据导入 Excel 表格中,将样品在不同方向的磁滞回线作图,再根据磁滞回线读出矫顽力和各向异性场的数值。

六、实验注意事项

(1)测试过程中,注意不能直视激光。

(2)更换样品时,注意不要碰到霍尔探头;控制样品移动或者旋转时,注意样品不要碰到磁铁极头。

(3)操作过程严格按照步骤进行,注意不要污染样品。

七、思考题

(1)实验测得的直接测量信号,是样品的磁化强度吗?

(2)与其他的磁性测量手段相比较,磁光克尔效应具有哪些优点?

(3)磁光克尔效应有哪些应用?

实验二十四 电学方法在表征磁性参数中的应用

一、实验目的

(1) 理解磁电阻效应和反常霍尔效应的基本原理。
(2) 掌握测量样品的磁电阻变化及霍尔电压的技术和方法。
(3) 理解基于反常霍尔效应测量铁磁性样品磁滞回线的原理。

二、实验原理

1. 磁电阻效应

在磁性介质中,当未配对电子自旋呈现同向或反向排列时,该磁性介质分别表现出铁磁性与反铁磁性。在施加外磁场的条件下,几乎所有金属、合金和半导体材料的电阻率都会发生变化,这一现象称为磁电阻(Magnetoresistance,MR)效应。在非磁性金属或半导体中,磁电阻效应源于载流子在外部磁场影响下受到洛伦兹力作用而发生偏移,导致阻值升高,这被称为普通磁电阻(Ordinary Magnetoresistance,OMR)效应,MR 的变化通常不超过 0.1%。在铁磁材料中,MR 的变化不仅包括 OMR 效应的影响,还涉及自旋相关散射过程的贡献。MR 效应表明磁性材料中电子自旋态的变化能够影响电荷传输特性,这一机理可用于检测磁性材料电阻率的变化,并由此实现磁性信息的读取。

(1) 各向异性磁电阻。

在铁磁性材料中,MR 的数值会随着磁化强度与电流流动方向间夹角的改变而出现差异,这种现象称为各向异性磁电阻(Anisotropic Magnetoresistance,AMR)效应。该效应是由于电子自旋方向的改变导致了轨道方向变化,进而导致原子间电子云的叠加程度发生改变,即自旋轨道耦合作用导致的散射截面的不同,最终表现为磁电阻的变化。铁磁材料的 R_{AMR} 的表达式为

$$R_{AMR} = \frac{R_{//} - R_{\perp}}{R_0} \times 100\% \qquad (24-1)$$

式中:R_0 为退磁状态下的电阻;$R_{//}$ 和 $R_{\perp}$ 分别为电流方向与磁化强度(或外加饱和磁场)方向平行和垂直时的电阻。AMR 效应在磁敏感开关传感器和非触摸式开关电子装置中有着广泛的应用。

(2) 巨磁电阻。

巨磁电阻(Giant Magnetoresistance,GMR)现象是由 Grünberg 团队与 Fert 团队首次

在20世纪80年代分别在实验室独立观察到的。该现象出现的必要条件是在铁磁性金属(FM)与非磁性金属(NM)所组成的FM/NM/FM三层结构或(FM/NM)$_N$周期性多层膜中。以三层结构为例,阐述GMR现象:当两个FM层的磁矩同向排列时,异质结构的整体电阻较低;当两个FM层磁矩反向排列时,电阻显著增加。这两种电阻状态可对应于二进制数据存储中的"1"和"0",因此可以利用GMR效应进行信息存取。GMR效应定义为

$$R_{GMR} = \frac{R_{ap} - R_p}{R_p} \times 100\% \qquad (24-2)$$

式中:R_p表示两个铁磁层的磁矩平行排列时的电阻值;R_{ap}表示两个铁磁层的磁矩反平行排列时的电阻值。GMR现象可以用Mott双电流模型来解释:总电流(或电阻)相当于分别由自旋向上和自旋向下的电子所贡献的并联电流(或电阻)。由于不同自旋态的电子在磁性层中受到的散射程度不同,当自旋方向平行于磁化方向时,电子受到自旋相关散射几率小,导致电阻较低;当自旋方向反平行于磁化方向时,电子受到的自旋相关散射几率大,导致电阻较高。因此,当磁性层磁矩同向时,呈现低电阻状态,反向时,则呈现高电阻状态。目前,GMR效应已经应用于商业化硬盘读出磁头、工业电流检测、电子罗盘和地磁场探测等领域。

(3)隧穿磁电阻。

如果把两层铁磁层之间的金属换成绝缘体(AlO_x或MgO),就可以制备成磁性隧道结(Magnetic Tunnel Junction,MTJ),其结构为铁磁层(自由层)/绝缘层(势垒层)/铁磁层(参考层)/反铁磁层(钉扎层)。电子从自由层经过中间的绝缘层到达参考层时,电阻取决于两侧铁磁层允许参与隧穿的电子态和中间绝缘层允许参与隧穿的通道数目,因此称之为隧穿磁电阻(Tunnel Magnetoresistance,TMR)效应。当自由层的磁矩发生翻转时,若两个铁磁层的磁矩呈现平行排列,则MTJ表现为低电阻状态;若两层铁磁层的磁矩呈现反平行排列,则MTJ表现为高电阻状态。MTJ的高电阻态与低电阻态与二进制存储中的"1"和"0"两个计数单数刚好对应,因此MTJ可以作为信息存储单元。目前,电脑硬盘的读出磁头大多数都采用MgO作为势垒层的MTJ。

2.反常霍尔效应

在用电输运测试方法研究磁学性质时,除了利用磁电阻效应,另一个常见的效应是反常霍尔效应(Anomalous Hall Effect,AHE)。反常霍尔效应的电阻变化与样品的磁化强度有着直接的对应关系,因此,可通过电学方法来测量与分析材料的磁性。通过测量材料的AHE曲线,可以直观地获得材料的磁化特性、矫顽力、饱和磁场等磁性参数。因此在现代研究磁学性质的实验中,基于反常霍尔效应的测量技术已成为重要的实验手段之一。

在磁性样品中,实验测量的霍尔电压不是随外加磁场的增强而线性增加的,而是与样品的垂直磁化强度密切相关。许多早期实验测量发现,霍尔电阻率ρ_{xy}通常可以写成

$$\rho_{xy} = R_H H + 4\pi R_S M_z \qquad (24-3)$$

式中:ρ_{xy}为霍尔电阻率;R_H是霍尔系数;H是外加磁场;R_S是反常霍尔系数;M_z是自发磁化强度。式(24-3)中,等号右边第一项代表霍尔效应,第二项代表反常霍尔效应。通常反常霍尔系数是霍尔系数的几十倍甚至上百倍,因此,铁磁材料中的霍尔效应主要来源于反常霍尔效应。由霍尔电阻率的表达式(24-3)可以看出,反常霍尔效应电阻率与铁磁材料的

垂直磁化强度成正比,因此可以通过测量样品的反常霍尔曲线来分析材料的一些磁性参数,比如矫顽力和饱和磁场等。图24-1展示了Pt/Co/Ta多层膜的反常霍尔磁滞回线,并由此可以证明该样品具有垂直磁各向异性。而且从图24-1中可以方便地读出矫顽场、剩磁等参数。基于反常霍尔效应的测试手段与振动样品磁强计、超导量子干涉仪等测试方式相比,更适用于测试微纳型器件的磁性参数,因此,利用反常霍尔效应研究样品的磁性参数是现代磁学实验室中重要的一种方法。

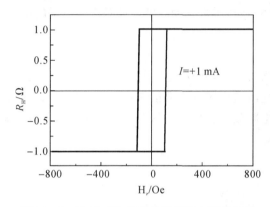

图24-1 Pt/Co/Ta薄膜的反常霍尔磁滞回线

三、实验任务

(1)测量并分析样品在不同磁场下电阻变化的情况,绘制磁电阻曲线。
(2)通过反常霍尔效应测量样品的霍尔电压变化,进而确定样品的矫顽力和剩磁。

四、实验仪器和设备

四探针电阻测量装置、霍尔效应测量装置、电流源、电压表、电磁铁、高斯计、计算机及数据采集系统。

五、实验内容和步骤

1. 磁电阻测量步骤

(1)打开实验设备,将磁性材料样品固定在四探针测量装置中。
(2)施加一个恒定电流通过样品,使用电压表测量两点间的电压,以此计算电阻值。
(3)逐步增加电磁铁产生的磁场强度,记录每个磁场值下的电阻值。
(4)绘制磁场强度与电阻值的关系图,并且分析磁电阻曲线,探讨磁场对电阻变化的影响机理。

2. 反常霍尔效应曲线测量步骤

(1)将铁磁样品安装在霍尔效应测量装置中,确保磁场方向垂直于样品表面。
(2)施加一个恒定的电流通过样品,同时测量垂直方向上的霍尔电压。
(3)改变磁场强度,记录不同磁场下的霍尔电压。

(4)绘制霍尔电压随磁场的变化曲线,分析霍尔电压与磁场强度的关系,提取矫顽场、饱和磁场和剩余磁化强度等磁性参数。

六、实验注意事项

(1)测试过程中要确保实验设备的接地良好,避免静电干扰。
(2)实验中应注意磁场的均匀性和稳定性,避免引入额外的实验误差。
(3)保持实验温度的稳定,尽量减少温度波动对实验结果的影响。

七、思考题

(1)材料的哪些因素可能会影响磁电阻效应和霍尔效应的测量结果?
(2)如何从霍尔效应测量中区分正常霍尔效应和反常霍尔效应?
(3)探讨温度对磁电阻效应和反常霍尔效应测量结果的可能影响,以及如何在实验设计中排除这些因素的影响。

第六篇　特殊物理效应的测试

　　研究特殊物理效应在现代科研中非常关键,包括铁电效应、热电效应等,这些效应在新材料的发现、新技术的开发以及新器件的设计中都扮演着至关重要的角色。通过对这些特殊物理效应的深入研究,科学家能够探索未知的物理现象,推动理论物理的发展,并且在实际应用中(如能量转换、信息存储、传感技术等领域)实现突破。本篇内容包括 3 个实验,对材料物理专业的学生来说,学习特殊物理效应的测试方法不仅有助于加深他们对物质内在物理性质的理解,也是培养他们科学研究和技术创新能力的重要部分。掌握这些特殊效应的测量和分析技术,可以帮助学生建立起对复杂物理现象的直观理解,提高他们解决实际物理问题的能力。此外,这部分的学习还能够激发学生的探索兴趣和创新思维,为他们将来在新材料开发、高科技应用等领域的职业生涯奠定坚实的基础。

实验二十五　铁电性质的测试与分析

一、实验目的

(1) 了解铁电测试仪的工作原理和使用方法。
(2) 掌握电滞回线的测量及分析方法。
(3) 理解铁电材料物理特性及其产生原理。

二、实验原理

铁电体的自发极化强度并非整个晶体为同一方向，而是包括各个不同方向的自发极化区域，其中具有相同自发极化方向的小区域叫做铁电畴。电滞回线的产生是由于铁电晶体中存在铁电畴。铁电体未加电场时，受自发极化取向的任意性和热运动的影响，宏观上不呈现极化现象。当外加电场大于铁电体的矫顽场时，沿电场方向的电畴由于新畴核的形成和畴壁的运动，体积迅速扩大，而逆电场方向的电畴体积则减小或消失，即逆电场方向的电畴转化为顺电场方向，因此，表面电荷 Q（极化强度 P）和外电压 V（电场强度 E）之间构成电滞回线的关系。另外，由于铁电体本身是一种电介质材料，所以两面涂上电极构成电容器之后还存在着电容效应和电阻效应。一个铁电试样的等效电路图如图 25-1 所示。其中，C_F 对应于电畴反转的等效电容，C_D 对应于线性感应极化的等效电容，R_C 对应于试样的漏电流和感应极化损耗相对应的等效电阻。若在试样两端加上交变电压，则试样两端的电荷 Q 将有三部分的来源，即铁电效应、电容效应和电阻效应。

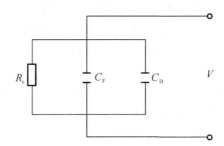

图 25-1　铁电试样的等效电路图

1. 铁电效应

铁电体(Ferroelectric)的电畴翻转过程所提供的电荷 Q_F，当 $E < E_c$ 时，铁电畴不发生

翻转,电荷 Q_F 不发生改变;当 $E > E_c$ 时,铁电畴迅速翻转,电荷 Q_F 突变。当铁电畴全部反转之后,继续增大电场强度,电荷 Q_F 保持不变,因此理想铁电材料的电滞回线为一矩形,如图 25-2(a)所示。

2. 电容效应

铁电体属于电介质(Dielectric)材料,上、下表面涂上电极之后,相当于一个电容器,在外电场作用下会发生感应极化,产生电荷 Q_D。感应极化所提供的电荷 Q_D 和电压 V 成正比,是一条过原点的直线,如图 25-2(b)所示。

3. 电阻效应

电导(Conductive)和感应极化损耗所提供的电荷 Q_C,Q_C 是材料中电流与时间的积分,其中电流与电压 V 成正比。积分得到的电荷 Q_C 与电压 V 的关系为一椭圆,如图 25-2(c)所示。

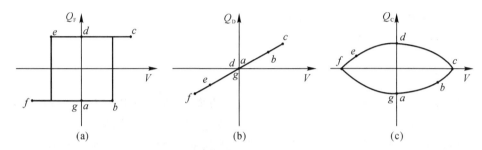

图 25-2 电荷 Q_F、Q_D、Q_C 与电压 V 的关系

因此,试样两端的全电荷 Q 是由 Q_F、Q_D、Q_C 三部分叠加而成的,即 Q 和电压 V 的关系是图 25-2(a)、(b)、(c)三部分的叠加,但是只有电荷 Q_F 与电压 V 的关系才真正反映了铁电体中的电畴翻转过程。实际测量得到的全电滞回线包含了与铁电畴极化翻转过程无关的 Q_D 和 Q_C 的影响。由图 25-2 可知,电容效应 Q_D 使得 Q_F 的饱和支、上升支和下降支发生倾斜,从理论上来说,对 Q_F 和 V_c 的数值没有影响。而电阻效应提供的电荷 Q_C 则不同,Q_C 使 Q_F 的饱和支畸变成一个环状端。对 Q_F 和 V_c 的数值都有影响,使测得的数值偏高,造成误差。当电容效应和电阻效应很大时,Q 和 V 的关系将与 Q_F 和 V 的关系相差很大,以致掩盖了电畴翻转过程的特征,形成一个损耗椭圆,因此,一些研究者把一部分并无电畴过程的电介质也认为是铁电体。因此,正确地获得电滞回线和铁电参数是准确表征铁电性能的前提。

测量电滞回线的方法很多,其中应用最广泛的是 Sawyer-Tower 方法,它是一种建立较早,已被大家广泛接受的非线性器件的测量方法,目前仍然是大家用来判断测试结果是否可靠的一个对比标准。图 25-3 是改进的 Sawyer-Tower 方法的测试原理示意图,它将待测器件与一个标准感应电容 C_0 串联,测量待测样品上的电压降($V_2 - V_1$)。其中,标准电容 C_0 的电容量远大于试样 C_x,因此加到示波器 x 偏向屏上的电压和加在试样 C_x 上的电压非常接近;而加到示波器 y 偏向屏上的电压则与试样 C_x 两端的电荷成正比。因此可以得到铁电样品表面电荷随电压的变化关系,分别除以电极面积和样品厚度即可得到极化强度 P

与电场强度 E 之间的关系曲线。

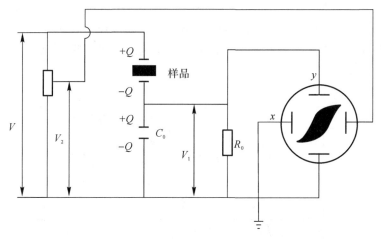

图 25-3　改进的 Sawyer-Tower 电路测试原理示意图

本实验中的铁电性能测试采用美国 Radiant Technology 公司生产的 Precision materials analyzer 型标准铁电测试仪。该仪器采用 Radiant Technologies 公司开发的虚地模式,如图 25-4 所示。待测样品的一个电极接仪器的驱动电压端(Drive),另一个电极接仪器的数据采集端(Return)。采集端与集成运算放大器的一个输入端相连,集成运算放大器的另一个输入端接地。集成运算放大器的特点是输入端的电流几乎为 0,并且两个输入端的电位差几乎为 0,相当于采集端接地,因此称为虚地。样品极化的改变造成电极上电荷的变化,形成电流。流过待测样品的电流不能进入集成运算放大器,而是全部流过横跨集成运算放大器输入、输出两端的放大电阻。电流经过放大、积分可以还原成样品表面的电荷,而单位面积上的电荷即是极化。这一虚地模式可以消除 Sawyer-Tower 方法中感应电容产生的逆电压和测试电路中的寄生电容对测试信号的影响。

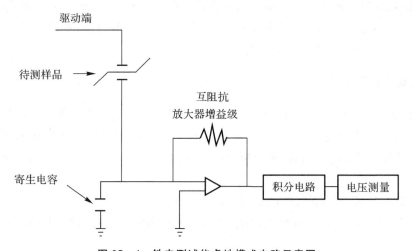

图 25-4　铁电测试仪虚地模式电路示意图

图 25-5 所示为测量电滞回线所用的三角波测试脉冲。第一个负脉冲为预极化脉冲,

它只是将待测样品极化到负剩余极化($-P_r$)的状态,并不记录数据。间隔 1 s 后,施加一个三角波来测试记录数据,整个三角波实际是由一系列的小电压台阶构成的,每隔一定时间(Voltage step delay),测试电压上升一定值(voltage step size),然后测试一次,并通过积分样品上感应的电流可以算出电极表面的电荷,再除以电极面积,即可得到此电压下的剩余极化强度值。

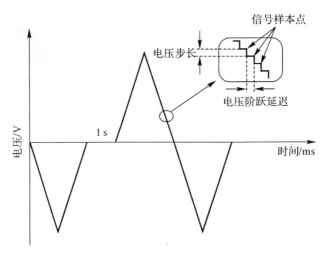

图 25-5 电滞回线三角波测试脉冲

三、实验任务

测量薄膜样品的电滞回线。

四、实验仪器和设备

本实验采用美国 Radiant Technology 公司生产的 Precision materials analyzer 型标准铁电测试仪,该仪器可以测量铁电材料的电滞回线、漏电流、疲劳、印痕、PUND(Positive Up Negative Down,正向上负向下)等性能。

五、实验内容和步骤

主要通过操作铁电测试仪控制软件 Vision,测量铁电材料电滞回线,并从回线上得出剩余极化强度 P_r、自发极化强度 P_s 以及矫顽场 E_c。调整测试电压强度和频率,得到不同电压强度、不同频率下的电滞回线,研究剩余极化强度 P_r 和矫顽场 E_c 随电压强度和频率的变化关系。

(1)启动铁电测试仪,运行铁电测试软件 Vision。

(2)将信号输入端(Drive)和接收端(Return)通过导线连接到待测铁电材料的上、下电极。

(3)运行电滞回线测量程序,设定测试电压强度和频率等参数进行测试,如图 25-6 所示。

(4)执行程序得到电滞回线,如图 25-7 所示,可以得到该测试条件下的自发极化强度 P、剩余极化强度 P_r 和矫顽场 E_c,导出数据。

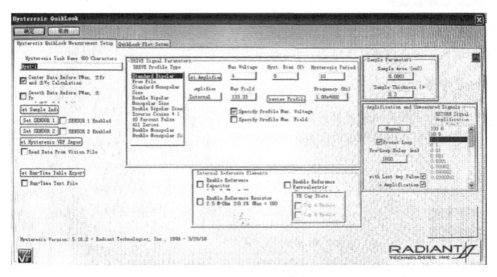

图 25-6　电滞回线测量界面

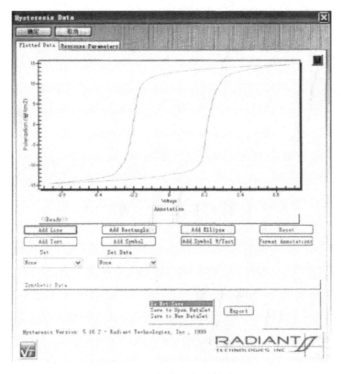

图 25-7　电滞回线测量结果

(5)分别改变测试的电场强度和频率,测量一系列电滞回线。
(6)数据处理,将测试数据导出为 text 格式文件,用 Origin 或其他作图软件打开,并画出电滞回线图。

六、实验注意事项

根据所测材料的不同选择不同的电压,薄膜一般比较薄(约几百纳米),所需电压较低(约几十伏),一般选内置低压电源,测量范围为 0~100 V。

七、思考题

(1)电容效应和电阻效应如何影响测量结果?

(2)铁电材料在哪些领域有重要的应用?

实验二十六　材料的介电性能测量

一、实验目的

(1) 探讨介质极化与介电常数、介质损耗的关系。
(2) 了解高频 Q 表的工作原理及使用方法。
(3) 掌握室温下用高频 Q 表测定材料的介电常数和介质损耗角正切值。

二、实验原理

按照物质结构的观点，任何物质都是由不同的电荷构成的，而在电介质中存在原子、分子和离子等。当固体电介质置于电场中后会显示出一定的极性，这个过程称为极化。对不同的材料、温度和频率，各种极化过程的影响不同。

(1) 介电常数(ε)：某一电介质(如硅酸盐、高分子材料)组成的电容器在一定电压作用下所得到的电容量 C_x 与介质为真空的相同大小电容器的电容量 C_0 的比值被称为该电介质材料的相对介电常数

$$\varepsilon = \frac{C_x}{C_0} \tag{26-1}$$

式中：C_x 是电容器两极板充满介质时的电容；C_0 是电容器两极板为真空时的电容；ε 是电容量增加的倍数，即相对介电常数。介电常数的大小表示该介质中空间电荷互相作用减弱的程度。在制备高频绝缘材料时，ε 要小，特别是用于高压绝缘时；而在制造高电容器时，则要求 ε 要大，特别是小型电容器。

在绝缘技术中，特别是选择绝缘材料或介质贮能材料，都需要考虑电介质的介电常数。此外，由于介电常数取决于极化，而极化又取决于电介质的分子结构和分子运动的形式，所以，通过介电常数随电场强度、频率和温度变化的规律，还可以推断绝缘材料的分子结构。

(2) 介电损耗($\tan\delta$)：指电介质材料在外电场作用下发热而损耗的那部分能量。在直流电场作用下，介质没有周期性损耗，基本上是稳态电流造成的损耗；在交流电场作用下，介质损耗除了稳态电流损耗，还有各种交流损耗。由于电场的频繁转向，电介质中的损耗要比直流电场作用时大许多(有时达到几千倍)，因此介质损耗通常是指交流损耗。在工程中，常将介电损耗用介质损耗角的正切 $\tan\delta$ 来表示。$\tan\delta$ 是绝缘体的无效消耗能量对有效输入的比例，它表示材料在一个周期内热功率损耗与贮存之比，是衡量材料的能量损耗程度的物理量。

$$\tan\delta = \frac{1}{\omega RC} \qquad (26-2)$$

式中：ω 是电源角频率；R 是并联等效交流电阻；C 是并联等效交流电容量。凡是体积电阻率小的，其介电损耗就大。介质损耗对于用在高压装置、高频设备，特别是用在高压、高频等地方的材料和器件具有特别重要的意义，介质损耗过大，不仅降低整机的性能，甚至会造成绝缘材料的热击穿。

(3) Q 值：$\tan\delta$ 的倒数称为品质因数，或称 Q 值。Q 值越大，介电损失越小，说明品质越好。因此选用电介质前，必须先测定它们的 ε 和 $\tan\delta$。这两者的测定是分不开的，通常测量材料的 ε 和 $\tan\delta$ 的方法有两种：交流电桥法和 Q 表测量法。其中，Q 表测量法在测量时由于操作与计算比较简便而被广泛采用。本实验主要采用的是 Q 表测量法。Q 表的测量回路是一个简单的 R-L-C 回路，如图 26-1 所示。

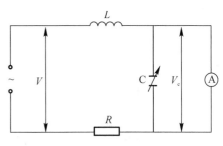

图 26-1 Q 表测量原理图

当回路两端加上电压 V 后，电容器 C 的两端电压为 V_c，调节电容器 C 使回路谐振后，回路的品质因数 Q 就可以用下式表示

$$Q = \frac{V_c}{V} = \frac{\omega L}{R} \qquad (26-3)$$

式中：L 为回路电感；R 为回路电阻；V_c 为电容器 C 两端电压；V 为回路两端电压。由上式可知，当输入电压 V 不变时，则 Q 与 V_c 成正比。因此在一定输入下，V_c 值可直接表示为 Q 值。Q 值表就是根据这一原理制造的。

(4) STD-A 陶瓷介质损耗角正切及介电常数测试仪：它由稳压电源、高频信号发生器、定位电压表 CB_1、Q 值电压表 CB_2、宽频低阻分压器以及标准可调电容器等组成，如图 26-2 所示。工作原理如下：高频信号发生器的输出信号，通过低阻抗耦合线圈将信号馈送至宽频低阻抗分压器。输出信号幅度的调节是通过控制振荡器的帘栅极电压来实现的。当调节定位电压表 CB_1 指在定位线上时，R_1 两端得到约 10 mV 的电压（V_i）。当 V_i 调节在一定数值（10 mV）后，可以使测量 V_c 的电压表 CB_2 直接以 Q 值刻度，即可直接读出 Q 值，而不必计算。

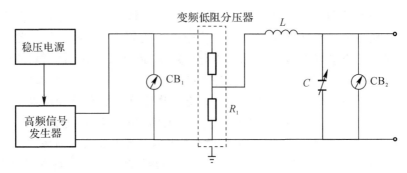

图 26-2 Q 表测量电路图

经公式推导,可得介电常数为

$$\varepsilon = \frac{(C_1 - C_2)d}{\phi_2} \quad (26-4)$$

式中:C_1 为标准状态下的电容量;C_2 为样品测试的电容量;d 为试样的厚度(cm);Φ 为试样的直径(cm)。

介质损耗角正切

$$\tan\delta = \frac{C_1}{C_1 - C_2} \cdot \frac{Q_1 - Q_2}{Q_1 Q_2} \quad (26-5)$$

式中:Q_1 是标准状态下的 Q 值;Q_2 是样品测试的 Q 值。

Q 值可由下式得到

$$Q = \frac{1}{\tan\delta} = \frac{Q_1 Q_2}{Q_1 - Q_2} \cdot \frac{C_1 - C_2}{C_1} \quad (26-6)$$

三、实验任务

测量薄膜样品的介电常数和介电损耗。

四、实验仪器和设备

E4980 阻抗分析仪。

五、实验内容和步骤

(1) 本仪器适用于 110 V/220 V、50 Hz 交流电,使用前要检查电压情况,以保证测试条件的稳定。

(2) 开机预热 15 min,使仪器恢复正常状态后才能开始测试。

(3) 按部件标准制备好测试样品。

(4) 选择适当的辅助线圈插入电感接线柱。根据需要选择振荡器频率,调节测试电路电容器使电路谐振。假定谐振时电容为 C_1,品质因数为 Q_1。

(5) 将被测样品接在 C_x 接线柱上。

(6) 再调节测试电路电容器使电路谐振,这时电容为 C_2,可以直接读出 Q_2。

(7) 用游标卡尺量出试样的直径 Φ 和厚度 d(分别在不同位置测得两个数据,再取其平均值)。

(8) 数据处理,将测试数据导出为 text 格式文件,用 Origin 或其他作图软件打开,并画出介电常数以及介电损耗随频率的变化关系。

六、实验注意事项

(1) 电压或频率的剧烈波动常使电桥不能达到良好的平衡,因此在测定时,电压和频率要求稳定,电压变动不得大于 1%,频率变动不能大于 0.5%。

(2) 电极与试样的接触情况对 $\tan\delta$ 的测试结果有很大的影响,因此电极要求接触良好、均匀,且厚度合适。

七、思考题

(1)电极接触情况、试样厚度、温度和湿度等如何影响测量结果?

(2)介电常数和介电损耗在哪些领域有重要的应用?

(3)如何测量材料的介电损耗角正切值?

实验二十七　热分析方法在材料测试中的应用

一、实验目的

(1) 掌握差热分析的基本原理及方法。
(2) 了解差热分析仪的构造,学会操作方法。
(3) 了解材料的差热曲线,学会分析各个峰产生的原因。

二、实验原理

在物质匀速加热或冷却的过程中,当达到特定温度时会发生物理或化学反应。在变化过程中,往往伴随有吸热或放热现象,这样就改变了物质原有的升温或降温速率。差热分析(Differential Thermal Analysis,DTA)就是利用这一特点,通过测定样品和参比物之间的温度差与时间的关系,来获得有关热力学或热动力学的信息。

目前,常用的差热分析仪一般是将试样与具有较高热稳定性的参比物(如三氧化二铝)分别放入两个小坩埚,以恒定速率加热时,样品和参比物的温度线性升高;若样品没有产生焓变,则样品与参比物的温度是一致的(假设没有温度滞后),即样品和参比物的温差 $\Delta T=0$;若样品发生吸热变化,则样品将从外部环境吸收热量,该过程不可能瞬间完成,样品温度偏离线性升温线,向低温方向移动,样品与参比物的温差 $\Delta T<0$;若样品发生放热变化,由于热量不可能从样品瞬间溢出,则样品温度偏离线性升温线,向高温方向变化,温差 $\Delta T>0$。上述温差 ΔT(DTA信号)经过检测与放大以峰形曲线记录下来。经过一个传热过程,样品才会恢复到与参比物相同的温度。

在差热分析时,样品和参照物的温度分别是通过热电偶测量的,将两支相同的热电偶同极串联构成差热电偶测定温度差。当样品和参比物温差 $\Delta T=0$ 时,两支热电偶热电势大小相同,方向相反,差热电偶记录的信号为水平线;当温差 $\Delta T\neq 0$ 时,差热电偶的电势信号经过放大和A/D转换,被记录为峰形曲线,得 $\Delta T - t$ 曲线,如图 27-1 所示,通常峰向上为放热,峰向下为吸热。

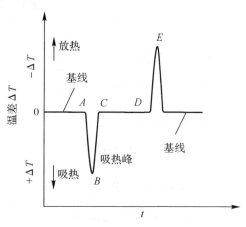

图 27-1　温差和时间的关系曲线

差热曲线直接提供的信息有峰的位置、峰的面积、峰的形状和个数。根据它们不仅可以对物质进行定性和定量分析,还可以研究热变化过程的动力学。曲线上峰的起始温度只是实验条件下仪器能够检测到的开始偏离基线的温度。根据国际热分析及量热学联合会(ICTA)的规定,该起始温度应是峰前缘斜率最大处的切线与外推基线的交点所对应的温度。若不考虑不同仪器的灵敏度不同等因素,则外推起始温度比峰温更接近于热力学平衡温度。由差热曲线获得的重要信息之一是它的峰面积。根据经验,峰面积和变化过程的热效应有着直接联系,而热效应的大小又取决于活性物质的质量。Speil(斯贝尔)指出峰面积与相应过程的焓变成正比,即

$$A = \int_{t_2}^{t_1} \Delta T \mathrm{d}t = \frac{m_a \Delta H}{g \lambda_s} = K(m_a \delta H) = KQ_p \quad (27-1)$$

式中:A 为差热曲线上的峰面积,由实验测得的差热峰直接得到;K 为系数。在 A 和 K 值已知后,即能求得待测物质的热效应 Q_p 和焓变 ΔH。图 27-2 为差热分析仪的示意图,主要包括电炉单元、温度程序控制单元、差热放大单元和记录仪单元等。

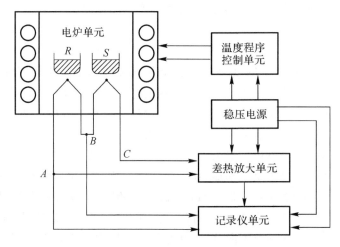

图 27-2　差热分析仪的示意图

三、实验任务

用差热分析仪对样品材料进行差热分析。

四、实验仪器和设备

CRY-2P 差热分析仪。

五、实验内容和步骤

(1)打开下方的加热组件开关,当屏幕交替显示"stop"和"0"时,等待 2 min 后打开电炉、差热开关,预热 20 min。

(2)打开炉盖,放入样品,关闭炉盖。

(3)打开测量软件,点击"炉温"的"温"字,显示出炉温。选择"清楚程序",输入新的升温方式,选择"输入正确"弹出对话框。选择"参数"输入样品名称,勾选基线对比,打开并选择基线文件。最后设置存储路径及文件名称。

(4)输入采样起始温度,依次点击"运行""采样"。

(5)采样完成后终止并退出。待炉内温度下降到 300 ℃ 以下时,方可打开炉盖、取出坩埚。

(6)打开数据处理软件,导入数据文件,选择放大按钮,放大待测曲线的待测部位;选择测量模式"常规测量",在曲线上选择起点、终点,点击"计算"。

六、实验注意事项

(1)样品不超过坩埚容积的 1/2,放置于下方坩埚中,不要用力按压。

(2)开始加热时打开水冷循环。

(3)起始温度选择 0 ℃,加热速率不超过 25 ℃/min。

(4)基线文件"E:\基线\"路径下,分别有升温速率 10 ℃/min 和 15 ℃/min 的基线。

(5)不要拔下主机背后的 U 盘。

七、思考题

(1)对于导热性较差的样品,测试时应做怎样的调整?

(2)差热分析是否适用于高温合金?

(3)除了差热分析,还有哪些常用的热分析法?(举一个例子并说明原理)

附录1 开放性实验室学生实验登记表

序号	学生姓名	学生班号	实验情况记要		到实验室时间	离实验室时间
1			实验内容			
			仪器状况			
			问题与建议			
2			实验内容			
			仪器状况			
			问题与建议			

指导教师：

值班教师：

附录2　材料物理专业实验报告

姓名：　　　　学号：　　　　班级：　　　　日期

一、实验目的

二、实验仪器（仪器名称、型号、主要参数）

三、实验原理与方法（文字表述完整简洁，图表绘制规范）

四、实验步骤（简洁地叙述实验的过程、方法）

五、数据记录及处理

1. 原始数据记录

2. 数据处理

六、实验结果与注意事项

参 考 文 献

[1] 唐伟忠.薄膜材料制备原理、技术及应用[M].北京:冶金工业出版社,2003.
[2] 杨明波.金属材料实验基础[M].北京:化工工业出版社,2008.
[3] 崔铮.微纳米加工技术及其应用[M].北京:高等教育出版社,2009.
[4] 周玉.材料分析方法[M].4版.北京:机械工业出版社,2020.
[5] 黎兵,曾广根.现代材料分析技术[M].成都:四川大学出版社,2017.
[6] 穆尔蒂.纳米科学与纳米技术[M].谢娟,王虎,张晗凌,译.北京:科学出版社,2014.
[7] 马南钢.材料物理性能综合实验[M].北京:机械工业出版社,2010.
[8] 袁长胜,韩民.现代材料科学与工程实验[M].北京:科学出版社,2013.
[9] 葛惟昆,王合英.近代物理实验[M].北京:清华大学出版社,2020.
[10] 冯端,师昌绪,刘治国.材料科学导论[M].北京:化学工业出版社,2002.
[11] 高智勇,隋解和,孟祥龙.材料物理性能及其分析测试方法[M].哈尔滨:哈尔滨工业大学出版社,2015.
[12] 杨雷.材料物理基础[M].北京:化学工业出版社,2017.
[13] 严密,彭晓领.磁学基础与磁性材料[M].2版.杭州:浙江大学出版社,2019.
[14] 吴开明,李云宝.材料物理实验教程[M].北京:科学出版社,2012.
[15] 潘春旭.材料物理与化学实验教程[M].长沙:中南大学出版社,2008.
[16] 雷文.材料物理实验教程[M].南京:东南大学出版社,2018.